これならわかる
工業熱力学

著者：野底 武浩

はじめに

本書は，大学や工業高等専門学校の機械工学系の学生を対象とする工業熱力学の教科書として編纂されたものである。エネルギー解析手法の習得を容易にすることに目的を絞って，これまでの工業熱力学の内容を徹底的に解体し，本質のみを洗い出したうえで再構築された工業熱力学の世界が記述されている。

例えば，本書には，熱力学の第一法則や第二法則は登場しない。代わりに，それらの法則の基底にある考えを基にして構成された数式を，エネルギー解析の道具として使い勝手のよい形で提示する。また，エントロピーを援用したエネルギー解析法を新たに展開し，それを一つの章（第5章）に詳述した。これにより，エネルギー解析の対象範囲が拡大するとともに，エントロピーへの理解が深まるであろう。

本書の内容は，物質の状態変化を圧力 p と比体積 v の関数 $p(v)$ で表現し，それを基にエネルギー解析を行う方法に関するもの（第1～4章）と，エントロピーの三つの機能に関するもの（第5～7章）の二つに大別される。第1章では，工業熱力学の基礎的事項について解説するとともに，内部エネルギーを定義し，それを用いて非圧縮性物質に対するエネルギー解析を行い，熱エネルギーを定義する。

第2章では，万能エネルギーを定義し，それを用いてエネルギー保存の一般式を提示する。また，圧縮性物質の状態変化を表現する関数 $p(v)$ と生成仕事について解説し，物質の様々な状態変化に対する，検査「体積」法を援用したエネルギー収支式の立て方と，それを用いたエネルギー解析の方法を示す。

第3章では，開いた系における流動仕事とエンタルピーを定義し，様々な形象の定常流動系に対するエネルギー収支式の立て方と，それを用いたエネルギー解析の方法を示す。また，非定常流動系に対する初歩的なエネルギー解析についても解説する。

第4章では，理想気体の様々な状態変化に対しエネルギー解析を行い，それぞれの状態変化において生成される仕事に関する関係式と吸熱量に関する関係式を導く。

第5章では，物質の状態変化を表現する絶対温度 T と比エントロピー s の関数 $T(s)$ と，その関数から導出される熱量について解説し，実在気体および理想気体の様々な形象の系に対する，関数 $T(s)$ に基づくエネルギー解析の方法を示す。

第6章では，物質の状態と周囲の状態の差を利用して生成し得る最大の万能エネルギー（＝最大仕事）を求める方法を示す。また，自由エネルギーを定義し，それを用いて化学反応が生み出し得る最大仕事を求める方法を示す。

最終章の第7章では，不可逆変化ではエントロピーが生成し，その生成量に比例して最大仕事が失われることを示し，様々な不可逆変化を解析する。

各章においては，多彩な系に対する解析例を取り上げて詳細に解説し，また最適な章末問題を記載して，理解を容易にするとともに解析手法の活用法を習得できるようにした。「これなら工業熱力学が分かる」と，読者の皆様に言ってもらえるだろう。

新しい工業熱力学の世界へようこそ。

2021年1月

野底 武浩

本書と類書との相違

本書の独自性は，以下のようにまとめられる。

1. 熱力学の第一法則や第二法則を記載せず，それらの法則の基底にある考えを基にして構成された数式，すなわちエネルギー保存の一般式，個々の系に対するエネルギー収支式，エントロピーの収支式を提示する。それに伴い，エネルギー保存の一般式を構成する万能エネルギーを新たに定義する。
2. エントロピーの機能を三つに整理し，それぞれ機能を積極的に活用する。特に，第5章で述べる関数 $T(s)$ に基づくエネルギー解析の方法は，本書のオリジナルである。
3. エントロピー生成に伴う最大仕事の損失の法則を導き，それを数式で表し，解析に活用する。最大仕事損失の法則は，本書のオリジナルである。
4. 非定常の状態変化の解析において，検査「体積」法を用いて関係するエネルギーを視覚化し，エネルギー収支の立式と理解を容易にする。なお，検査「体積」法は，本書のオリジナルである。
5. 積極的に実在気体を解析対象とするとともに，エネルギー解析の適用対象の範囲を，類書では取り上げられない現象にまで拡大する。固体摩擦や流動摩擦を伴う現象，仕事の生成を伴い力学的エネルギーが増大する現象，非定常流動系，不可逆変化を含む機器の稼働なども取り上げる。

なお，本書では，エネルギー保存の一般式と個々の系に対するエネルギー収支式から万能エネルギー保存の式が導かれることを示す。これは，従来の力学的エネルギー保存則を拡張したものと解釈される。この万能エネルギー保存則の導出は，本書のオリジナルである。

準備

記号

A：面積 [m^2]
a, b, d：係数
C：定数
c：係数または比熱
c_n：任意の状態変化における比熱 [J/(g · K)]
c_p：定圧（質量）比熱 [J/(g · K)]
c_v：定積（質量）比熱 [J/(g · K)]
d：変数の微少増分，例えば dT は T の微少増分
E：エネルギー [J]
e：単位質量当たりのエネルギー [J/g]，またはネピア数
F：力 [N]
$f = u - Ts$： 1mol 当たりのヘルムホルツの自由エネルギー [J/mol]
$g = h - Ts$： 1mol 当たりのギブスの自由エネルギー [J/mol]，または重力加速度 $\left[\mathrm{m/s^2}\right]$
$H = \int_m h\mathrm{d}m$：エンタルピー [J]
$h = u + pv$：比エンタルピー [J/g]
I：電流 [A]
k：ステファン・ボルツマン定数 [W/(m^2·K^4)]
$M = \dfrac{m}{n}$：モル質量 [g/mol]
m：質量 [g]
n：モル数 [mol]，またはポリトロープ指数
p：全圧 [Pa]
p_i：分圧 [Pa]
Q：熱量 [J]
q：単位質量当たりの熱量 [J/g]
$R_0 = 8.314$J/(mol · K)：一般気体定数
$R = \dfrac{R_0}{M}$：気体定数 [J/(g · K)]
S：エントロピー [J/K]
s：比エントロピー [J/(g · K)]
$T = t + 273$：絶対温度 [K]
t：セ氏温度 [℃]
$U = \int_m u\mathrm{d}m$：内部エネルギー [J]
u：比内部エネルギー [J/g]
V：体積 [m^3]，または電圧 [V]
$v = \dfrac{V}{m}$：比体積 [m^3/g]
W：仕事または万能エネルギー [J]

w：単位質量当たりの仕事または万能エネルギー [J/g]
x：空間座標 [m]
x_i：モル分率，または割合
z：基準面からの高さ（標高）[m]

ギリシャ文字

Δ：変数の増分 [K]，例えば $\Delta T = T_2 - T_1$
δ：非状態量の微少量，例えば δQ は Q の微少量
ϵ_p：定圧モル比熱 [J/(mol·K)]
ϵ_v：定積モル比熱 [J/(mol·K)]
$\kappa = \frac{c_p}{c_v}$：比熱比
ν：理想気体の分子運動の自由度
$\rho = \frac{1}{v}$：密度 [g/m³]
τ：時間 [s]
ω：速度 [m/s]

添え字（下付き）

all：二つの物質または系を一つにまとめた系
avl：実際に取り出し得る量
chm：化学反応により生成される量
elc：電気
eq：最終平衡の値
Exc：交換
f：単位時間当たりの量
fus：融解・凝固
gn：生成量
H：高温
L：低温，または液体
Loss：損失量
Max：最大量
mch：力学的エネルギー
Min：最小量
S：固体
tr：運搬仕事
W：熱機関の出力仕事
wll：境界面における値
∞：周囲の状態
1 と 2：閉じた系の状態変化の始点と終点における値，または開いた系の入口と出口における値

12：変化過程において系が授受（または生成）する量
2^*：周囲と同じ温度 T_∞ と圧力 p_∞ における状態
$*$と $**$：内分点を取る際の両端の値

関数

$\ln(x) = \log_e x$：自然対数関数
$\exp(x) = e^x$：自然指数関数

単位

本書で用いる単位は，以下の通りである。
温度：K（ケルビン）または ℃

$$T\,[\mathrm{K}] = t\,[℃] + 273$$

比体積：$\mathrm{m^3/g}$

$$1\mathrm{m^3/g} = 1 \times 10^6 \mathrm{cm^3/g}$$

力：N（ニュートン）
力の単位 [N] は kg から構成される単位であるので，次の換算式が成り立つ。

$$1\mathrm{N} = 1\mathrm{kg \cdot m/s^2} = 1 \times 10^3 \mathrm{g \cdot m/s^2}$$

圧力：Pa（パスカル）

$$\mathrm{Pa} = \frac{\mathrm{N}}{\mathrm{m^2}}$$

1.0atm（アトム）= 101.3kPa（キロ・パスカル）= 1.013×10^5Pa

エネルギー[1]：J(ジュール)

$$1.0\mathrm{J} = 1.0\mathrm{N} \times \mathrm{m} = 1.0\mathrm{kg \cdot m^2/s^2} = 1 \times 10^3 \mathrm{g \cdot m^2/s^2}$$

1.0Wh（ワットアワー）= 1.0W（ワット）× 3600s = 3600J

熱量：cal（カロリー）または J（ジュール）

$$1.0\mathrm{cal} = 4.2\mathrm{J}$$

仕事率：W（ワット）

$$\mathrm{W} = \frac{\mathrm{J}}{\mathrm{s}} = \frac{\mathrm{kg \cdot m^2}}{\mathrm{s^3}}$$

1　cal（カロリー）は熱量の単位，J（ジュール）は仕事の単位であり，いずれもエネルギーの量を示す。本書では，熱量も含めてエネルギーの単位には J を用いる。

◆ 質量の単位とエネルギーの単位

単位 J は力 [N] と距離 [m] の積であり，力 [N] は質量 [kg] と加速度 [m/s^2] の積であるので，

$$1\mathrm{J} = 1\mathrm{N}\cdot\mathrm{m} = 1\mathrm{kg}\cdot\mathrm{m}^2/\mathrm{s}^2$$

となる。このように，J には kg が含まれる。

本書では，単位質量当たりのエネルギーの単位として J/g を用いており，次式が成り立つ。

$$1\mathrm{J/g} = 1(\mathrm{kg}\cdot\mathrm{m}^2/\mathrm{s}^2)/\mathrm{g} = 1\times10^3\mathrm{m}^2/\mathrm{s}^2$$

となる。よって，速度 $\omega = 1\mathrm{m/s}$ の物質の単位質量当たりの運動エネルギーは，

$$\frac{1}{2}\omega^2 = 0.5\mathrm{m}^2/\mathrm{s}^2 = 0.5\times10^{-3}\mathrm{J/g}$$

であり，重力加速度 $g = 9.8\mathrm{m/s}^2$ における標高 $z = 1\mathrm{m}$ の物質の単位質量当たりのポテンシャルエネルギーは，

$$gz = 9.8\mathrm{m/s}^2\times1\mathrm{m} = 9.8\mathrm{m}^2/\mathrm{s}^2 = 9.8\times10^{-3}\mathrm{J/g}$$

であることに注意する。

積分の表記

本書では，積分について次の簡略された表記を用いる。

$$\int_{T_1}^{T_2} c\mathrm{d}T \Rightarrow \int_{\text{状態 }1}^{\text{状態 }2} c\mathrm{d}T \Rightarrow \int_1^2 c\mathrm{d}T$$

また，質量 m の物質塊の全体にわたる積分は，以下のように表記する。

$$\int_m h\mathrm{d}m$$

$\Delta U, \Delta T$ のように，状態量の前に Δ が付いた表示は，変化過程における状態量の増分（変化の始点と終点における値の差）を示す。Δu を例にとると，

$$\text{増分}:\Delta u = u_2 - u_1$$

ここに，添字 1：変化前（始点），添字 2：変化後（終点）である。一方，「落差」は，

$$\text{落差}: -\Delta u = u_1 - u_2$$

である。なお，熱量などの非状態量には Δ を用いることはできず，Q_{12} で表記する。

目次

第1章　基礎的な概念

第2章　エネルギー保存則とエネルギー解析

第3章　開いた系とエネルギー解析

第4章　理想気体とエネルギー解析

第5章　エントロピーとエネルギー解析

第6章　エントロピーと最大仕事，自由エネルギー

第7章　エントロピー生成と最大仕事の損失

付録

第1章

基礎的な概念

我々は，熱という用語を日常的に用いているが，熱と温度の概念を区別しないで用いる場合が少なくない。例えば，皆さんが風邪を引いて病院に行ったとき，「熱を測ってください」と言われて，体温計（温度計）を渡されたことはないだろうか。実は，熱を正しく定義することは容易ではない。

本章では，エネルギー解析に必要な以下の基礎事項を学ぶ。熱はその一つであるが，熱を定義すること自体がすでにエネルギー解析を必要とする。

・系と状態量
・圧縮性と非圧縮性
・可逆変化と不可逆変化
・比熱と内部エネルギー
・非圧縮性物質のエネルギー解析と熱

1.1　系と状態量

1.1.1 系と周囲，物質の量

物質は，原子群や分子群から構成されている。**系**とは，解析対象となる物質のことであり，それが置かれた状態（以下，系の形象）をも含む概念である。図 1.1 に示すように，系の外部を**周囲**と呼び，両者は境界によって隔てられる。

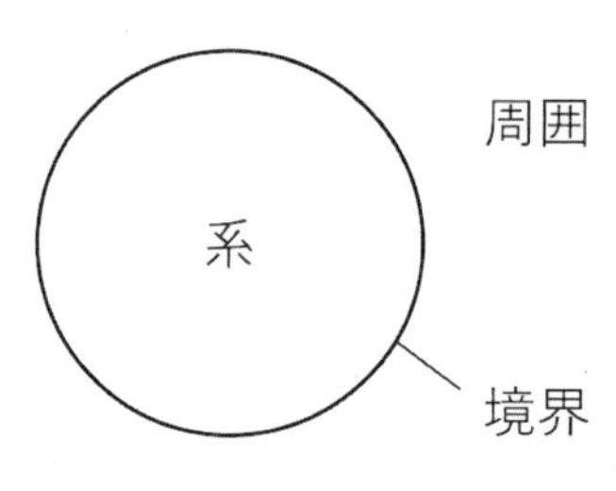

図 1.1　系と周囲と境界

物質（分子群）の量は，質量 m またはモル数 n で示される。質量 m の代表的な測定器は天秤（図 1.2）である。モル数 n [mol] は，モル質量 M[g/mol] を介して質量 m[g] から算出される。

$$n = \frac{m}{M} \tag{1.1}$$

各種気体のモル質量 M を付録 B に示す。

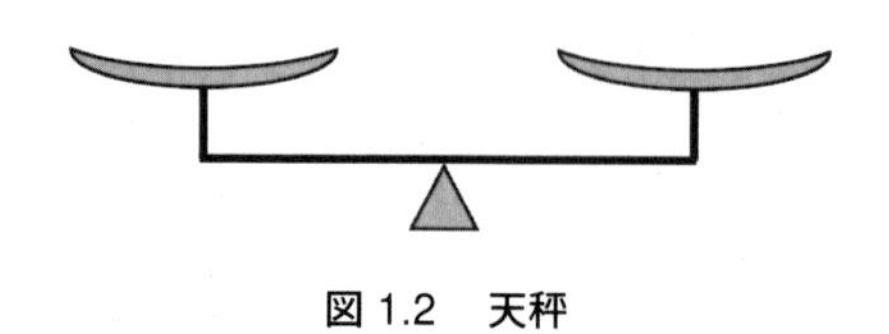

図 1.2　天秤

1.1.2 状態量

熱力学では，物質（系）の状態を定量的に把握し，その変化の過程において系に出入りするエネルギーの量を知ることが重要である。物質の状態を示す変数を**状態量**といい，直接測定できるものと計算から求められるものがある。

ここでは，基本的な状態量である圧力 p，比体積 v，温度 T について説明する。なお，この他にも状態量が複数定義されている。

(1) 圧力 p

分子が壁に衝突すると壁は力を受ける（図 1.3）。その単位面積当たりの力が圧力 p である。つまり，圧力とは分子が壁をたたく単位面積当たりの力を表す。

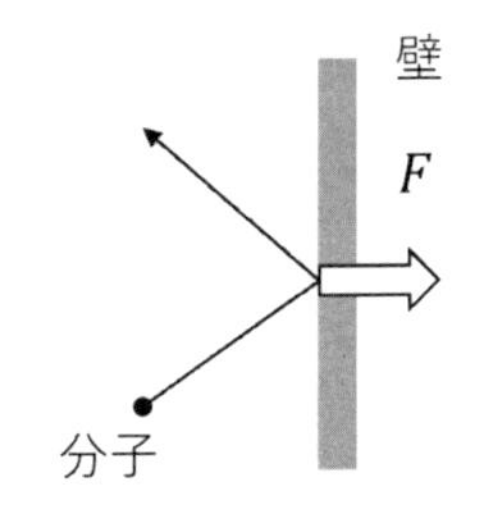

図 1.3　分子の衝突と圧力

圧力 p の代表的な測定器はマノメーター（図 1.4（左））であり，圧力差 $(p-p_\infty)$ を液柱の長さ（標高差）Δz に変換して表示する。マノメーターにおいては，次式が成り立つ。

$$p - p_\infty = \rho g \Delta z \tag{1.2}$$

ここに，p：系の圧力，p_∞：周囲の圧力（大気圧），ρ:液の密度，g：重力加速度である。

大気圧 p_∞ は，マノメーターと同じ原理に基づく水銀柱（図 1.4（右））を用いて測定される。大気圧は時間や場所によって変化するが，標準的な大気圧（**標準大気圧**）として次の値が採用されている。

$$p_\infty = 1\text{atm} = 101.3\text{kPa}$$

なお，圧力差 $p-p_\infty$ をゲージ圧といい，p を絶対圧（以下，圧力）という。

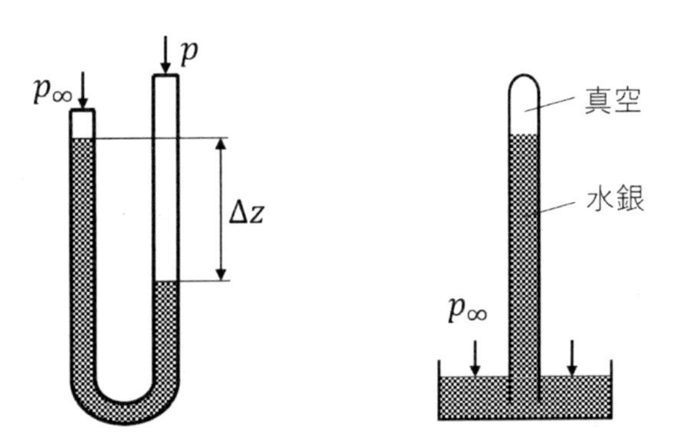

図 1.4　マノメーター（左）と水銀柱（右）

(2) 比体積 v

物質が占める体積 V は，系の寸法（長さ）を測定して算出される。単位質量当たりの体積が比体積 v であり，密度 ρ の逆数である。

$$v = \frac{V}{m} = \frac{1}{\rho} \tag{1.3}$$

(3) 温度

日本では，日常的に**セ氏温度** t[℃] が用いられるが，熱力学では**絶対温度** T [K]（ケルビン）

を用いる。セ氏温度の測定には水銀温度計やアルコール温度計などが用いられるが，それらは液体の体積の熱膨張を利用し，体積の増分を毛細管中の液柱の長さに変換するものである。体積膨張が温度と直線関係にあると仮定し，水の氷点を 0 ℃，101.3kPa（標準大気圧）における水の沸点を 100 ℃とおいて，等間隔に目盛を付けている。

絶対温度 T は，ヘリウムなどの理想気体（第 4 章，付録 A 参照）を利用して決定する。図 1.5（左）のように，体積 V の容器内の理想気体の温度 t と圧力 p を測定し，温度 t を変えてこれを繰り返す。これらのデータを縦軸 pV，横軸 T のグラフにプロットすると，図 1.5（右）のように直線が得られる。その直線を外挿し $pV = 0$ となる点がセ氏温度では –273 ℃である。この点を 0K とし，1K の増分 = 1 ℃の増分 としてスケールをとったものが絶対温度 T である。つまり，

氷点：273K

標準大気圧における水の沸点：373K

である。絶対温度 T[K] とセ氏温度 t[℃] には，次の関係がある。

$$T\,[\mathrm{K}] = t\,[\,^\circ\mathrm{C}\,] + 273 \tag{1.4}$$

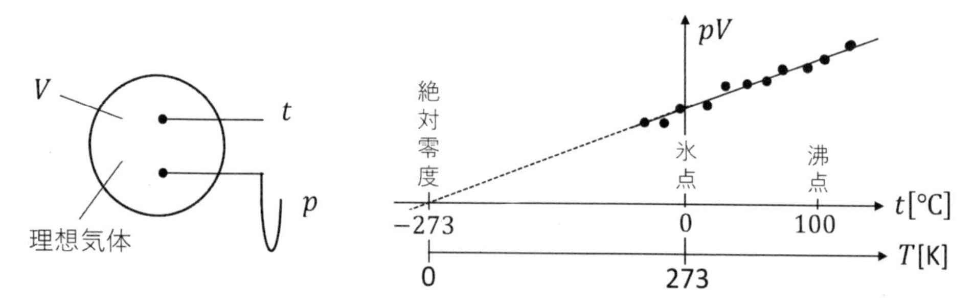

図 1.5　理想気体の温度と圧力の測定（左）と，セ氏温度と絶対温度の関係（右）

1.1.3 状態量の関係

純物質や成分比が一定の混合物においては，三つの状態量の間には決まった関数関係が成り立つ。三つの状態量の選択は自由である。例えば，状態量を x，y，z とすると，

$$z = f(x, y)$$

となる。つまり，二つの状態量の値が決まれば，その系の状態が一義的に決まる。物質の状態を特定するとき，状態量の独立変数は二つということである。

状態量の中でも絶対温度 T と圧力 p は測定が容易であり，物質（系）の状態を特定する基本的な状態量として採用される。例えば，比体積 v は温度 T と圧力 p の関数として表され，理想気体の場合は次式が成り立つ。

$$v = v(T, p) = R\frac{T}{p}$$

なお，純物質の相変化過程においては，状態量の独立変数は一つである。例えば，融解・凝固過程においては，

$$p_{\text{fus}} = p\,(T_{\text{fus}})$$

となり，融解・凝固温度 T_{fus} が決まれば，その圧力 p_{fus} が決まる。

また，物質の状態変化は，二つの状態量の関数として表される。よく利用されるのは，圧力 p と比体積 v の関数である。例えば，温度が一定に保たれた変化を定温変化というが，理想気体の定温変化は次式で表される。

$$p = p\,(v) = \frac{C}{v}$$

ここに，C：定数である。

1.2　熱と内部エネルギー

1.2.1 可逆変化

熱力学における損失は，主に次の二つによって生じる。

①固体摩擦や流動摩擦による，仕事から熱へのエネルギー変換（摩擦損失）

②熱量 Q が高温 T_H の物質から低温 T_L の物質へ移動する，温度差のある伝熱（温度レベルの低下）

可逆変化とは，このような損失が生じない理想的な変化をいう。例として，図 1.6 のシリンダー・ピストン内の気体を系として考える。周囲から気体に熱が移動するとき，気体内に温度差を作ることなく（温度が一様で）加熱面から気体全体に熱が伝わり，気体内に流動摩擦を生じることなく気体が膨張する。これが可逆変化の例である。

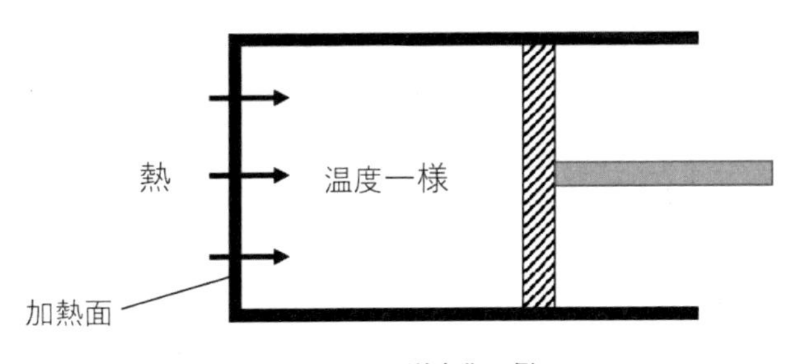

図 1.6　可逆変化の例

なお，系の内部において上記の①と②による損失が生じない変化を**内部可逆変化**という。例えば，図 1.6 のシリンダー・ピストン内の気体内で，流動摩擦がなく，温度差ゼロで熱が気体全体に一様に伝わる変化が内部可逆変化である。ピストンとシリンダー壁の間の固体摩擦やシリンダー壁を熱が通過する際に温度差があるとしても，それらは外部の不可逆として扱われ，気体がピストンにした仕事の一部がピストンとシリンダー壁の摩擦に消費されたと考える。

以降では特に断らない限り，内部可逆変化を単に可逆変化と記述する。本書では主として可逆変化を扱い，不可逆変化の解析については第 7 章において議論する。

1.2.2 内部エネルギー

物質（分子群）が保有する微視的エネルギーの総和を**内部エネルギー**という。**比内部エネルギー** u は単位質量当たりの内部エネルギーを示す状態量である。また，内部ネルギー U は対象とする質量 m の物質の全体にわたって比内部エネルギー u を積分した量であり，次式の積分表記を用いて表される。

$$U = \int_m u\mathrm{d}m \tag{1.5}$$

内部エネルギーを構成するエネルギーの形態は多様であるが，本書では以下の形態に限定する。

①個々の分子の微視的運動エネルギーの総和（以下，微視的運動エネルギー）

②分子間力に基づくポテンシャルエネルギー（以下，分子間ポテンシャルエネルギー）

③分子を構成する原子の化学結合に基づくエネルギー（以下，化学エネルギー）

気体の分子は，巨視的には静止しているように見えても，微視的にはランダムに激しく飛び回っている（図1.7（左））。個々の気体分子は，並進，回転，振動などの運動をしており，それぞれの運動に基づくエネルギーを保有している。液体や固体の状態において，分子は密に分散するが限られた空間内で激しく振動しており，その振動に基づく運動エネルギーを保有する。これが上記①の微視的運動エネルギーである。

分子と分子は互いに引力または斥力を有し，その強さは分子間距離によって変化する。この分子間力に起因するエネルギーが，上記②の分子間ポテンシャルエネルギーである（図1.7（右））。液体や固体の状態の分子は図1.7（右）の曲線の極小値に近い値を取り，気体の状態の分子ははるかに大きな値（曲線の右端近傍の値）を取る。蒸発・凝結などの相変化においては，分子間ポテンシャルエネルギーの変化が内部エネルギーの大きな変化を生ずる。そのため，相変化に伴い，物質は相変化熱（蒸発熱など）を吸収または放出する。

気体の状態においても，分子間ポテンシャルエネルギーは変化する。例えば，気体の比体積 v が小さくなり分子間距離が近くなると分子間ポテンシャルエネルギーは小さくなり，比内部エネルギー u は小さくなる。このように (T, v) または (T, p) の状態変化に伴い，気体の比内部エネルギー u は変化する。

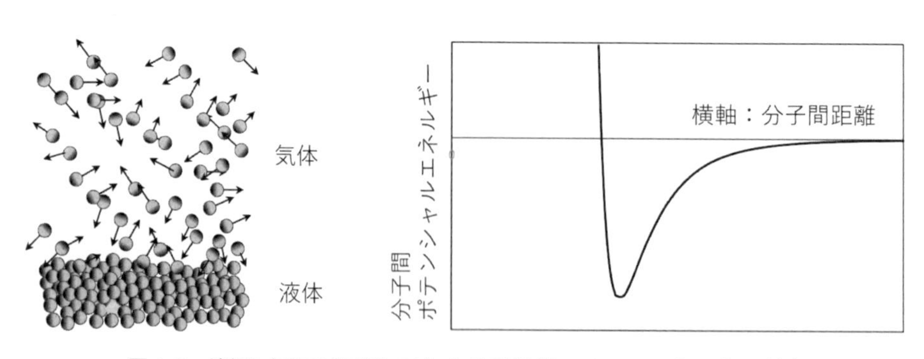

図1.7　液相と気相の分子群（左）と分子間ポテンシャルエネルギー（右）

化学反応を伴う状態変化においては，内部エネルギーの変化の主たる要因は上記③の化学エネルギーの変化であるが，多くの場合，その変化量は著しく大きい。化学エネルギーの変化を伴う変化過程については，第 6 章において述べる。

1.2.3 圧縮性と非圧縮性

液体や固体は，温度 T や圧力 p が変化しても，比体積 v の変化は無視できるほど小さい。このような性質を**非圧縮性**という。一方気体は，温度 T や圧力 p が変化すると比体積 v も変化する。このような性質は**圧縮性**と呼ばれる。

非圧縮性を数式で表現すると，

$$\left(\frac{\partial v}{\partial T}\right)_p = 0, \left(\frac{\partial v}{\partial p}\right)_T = 0$$

であり，全微分の公式より，

$$\mathrm{d}v = \left(\frac{\partial v}{\partial T}\right)_p \mathrm{d}T + \left(\frac{\partial v}{\partial p}\right)_T \mathrm{d}p = 0 \tag{1.6}$$

となる。上式 (1.6) は，温度 T や圧力 p が変化しても比体積 v は変わらないことを表現する。

1.2.4 圧縮性物質の内部エネルギー

熱力学では，圧縮性物質である気体を理想気体と実在気体に分けて扱う。理想気体については第 4 章で詳述するが，その比熱は一定であり，比内部エネルギーの増分 Δu は比熱と温度増分 ΔT の積として容易に求められる。一方，実在気体においては比熱が温度 T と圧力 p の両方に依存して変化するため，比内部エネルギーの増分 Δu を比熱から求めるには複雑な計算を要する。

比内部エネルギー u は状態量であり，主要な気体については，様々な状態 (T, p) における比内部エネルギー u の値またはその計算に必要な物性値が，文献 [3] などに記載されている。実在気体の代表ともいえる水蒸気の物性値表（以下，水蒸気表）を，付録 D に示す。同表より，例えば，(500 ℃, 10MPa) の状態における水蒸気の比内部エネルギーの値 $u = 3047\mathrm{J/g}$ を読み取ることができる。

1.2.5 非圧縮性物質と熱

図 1.8 に示す，非圧縮性の物質の加熱（吸熱）または冷却（放熱）による温度変化を考える。物質の内部エネルギーの増加は吸熱によるものであり，吸熱量 Q_{12} は内部エネルギーの増分 ΔU に等しいと考えることができるので，エネルギー収支（エネルギー保存）は次式で表現できる。

$$Q_{12} = U_2 - U_1 = \Delta U \tag{1.7}$$

または，

$$q_{12} = u_2 - u_1 \tag{1.8}$$

となる。ここに，q_{12}：単位質量当たりの吸熱量である。つまり，検知された温度上昇 ΔT は内部エネルギーが増加した結果であり，その増分 ΔU は周囲からエネルギーを吸収したものと考え，そのエネルギーを熱 Q_{12} と呼ぶのである。

端的に言えば，熱とは実体のないエネルギーである。熱量を把握するには，

$$\Delta T \Rightarrow \Delta U \Rightarrow Q_{12}$$

の二段階のステップを経る必要がある。熱量 Q_{12} は状態量ではなく，温度や内部エネルギーなど物質の状態変化を生じさせる非状態量である。なお，記号 Q_{12} の添え字 12 は状態 1 から状態 2 に至る変化過程を示し，Q_{12} はその過程において系が吸収する熱量を示す。

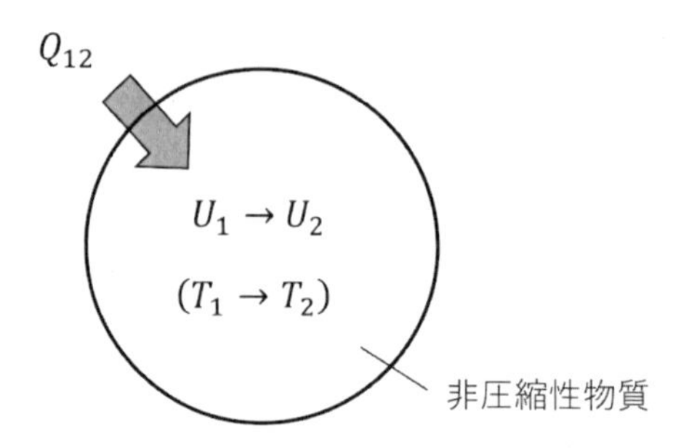

図 1.8　非圧縮性物質の吸熱と状態変化

1.2.6 比熱 c

比熱 c は，実体のないエネルギーである熱を実態のある（測定可能な）状態量である温度の増分と関係づける変数で，単位質量の物質の温度が 1.0K 上昇したときの吸熱量である。比熱 c は状態量であるので，温度 T と圧力 p の関数であり，

$$c = c(T, p)$$

と表示できる。比熱の値は，吸熱に伴い物質がどのように体積変化するか（変化過程を表す $p = p(v)$ の関数形）によって異なる。その関数形が決定されれば，$p = p(v)$ と状態式を介して圧力 p は温度 T の関数に変換できるので，

$$c = c(T)$$

となり，物質の単位質量当たりの吸熱量 q_{12} は，次式で表される（図 1.9）。

$$q_{12} = \int_1^2 c(T)\mathrm{d}T \tag{1.9}$$

なお，絶対温度の増分とセ氏温度の増分は等しい $(\mathrm{d}T = \mathrm{d}t)$ ので，次式が成り立つ。

$$\int_1^2 c(T)\,\mathrm{d}T = \int_1^2 c(t)\,\mathrm{d}t \tag{1.10}$$

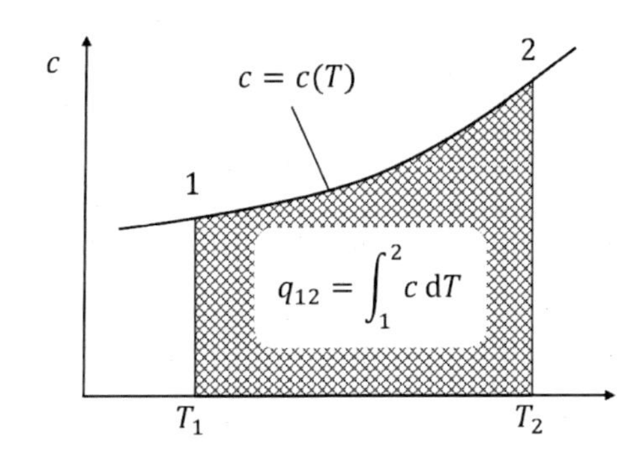

図 1.9　非圧縮性物質の比熱と吸熱量

1.2.7 非圧縮性物質の比熱 c

非圧縮性物質の比熱 c は，定積変化（比体積 v 一定の変化：関数 $v = C$（一定））における比熱であるといえる。多くの物質の固体や液体は非圧縮性として近似することができ，圧力 p の変化に伴う比熱の変化は小さいが，温度変化に伴う変化は比較的大きい。したがって，次のように近似できる。

$$c = c(T)$$

種々の物質に対し，異なる温度における比熱の値が決められており，文献 [3] などから入手可能である。温度および圧力変化に伴う水の比熱の変化を図 1.10 に示す。

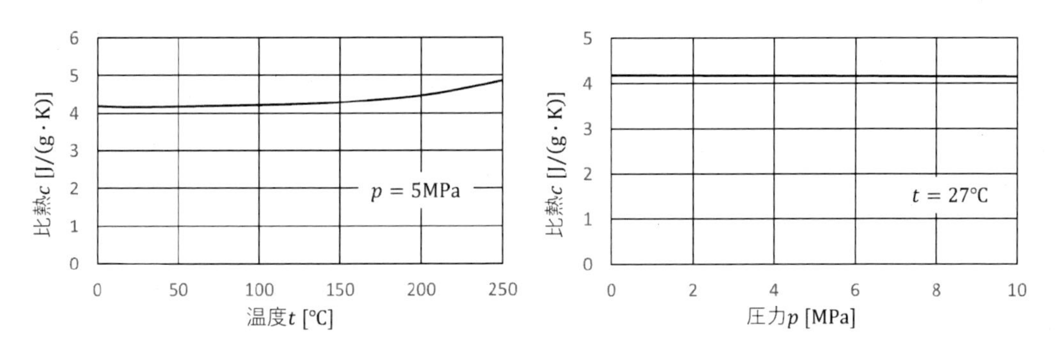

図 1.10　温度（左）または圧力（右）の変化に伴う水の比熱の変化

1.2.8 非圧縮性物質の吸熱量 q_{12}

非圧縮性物質に関する式 (1.8) を再掲する。

$$q_{12} = u_2 - u_1 \tag{1.8}$$

比内部エネルギー u は状態量であるので

$$u_1 = u(T_1, p_1)$$

$$u_2 = u(T_2, p_2)$$

である。したがって，文献 [3] などから状態量である比内部エネルギー u_1 と u_2 の値を入手すれば，吸熱量 q_{12} が求まる。また，図 1.9 と式 (1.9) に示すように，比熱 c を温度で積分することによっても吸熱量 q_{12} を求めることができる。

温度増分 ΔT が小さい場合は，多くの非圧縮性物質において比熱一定と近似できる。その場合，式 (1.8) と式 (1.9) は次の簡単な式に帰着する。

$$q_{12} = \Delta u = c\,(T_2 - T_1) = c\Delta T \tag{1.11}$$

つまり，吸熱量 q_{12} は温度増分 ΔT に比例する。

◆ 積分表示と微分表示

非圧縮性物質の比内部エネルギーを例に積分表示と微分表示について説明する。

$$\Delta u = \int_1^2 c\mathrm{d}T \tag{1.12}$$

上式 (1.12) の表示は積分表示と呼ばれる。一方，上式 (1.12) を微分表示すると，

$$\mathrm{d}u = c\mathrm{d}T \tag{1.13}$$

となる。微分表示の $c\mathrm{d}T$ は，高さ $c\times$ 微小幅 $\mathrm{d}T$ の短冊 (細長い長方形) の面積（図 1.11）である。それらの短冊の総和が曲線 $c\,(T)$ と横軸との間の面積であり，関数 $c = c\,(T)$ の積分値である。

微分表示: $c\mathrm{d}T$:短冊

積分表示: $\int_1^2 c\mathrm{d}T$:面積 $= \sum$ (短冊)

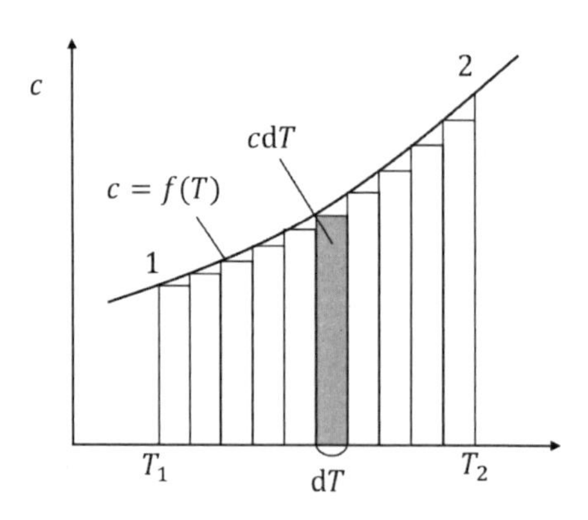

図 1.11　積分と面積

1.3　章末問題

問 1.1　$1\mathrm{in}^2$ の面積に $1\mathrm{kgf} = 9.8\mathrm{N}$ の力が垂直にかかるときの圧力を単位 Pa で求めよ。なお，

1in（インチ）= 25.4mm である。

問 1.2　標準大気圧において，水銀を用いたマノメーターで容器内の気体の圧力を測定したところ，水銀柱の液面の標高差が $\Delta z = 100\text{mm}$ であった。重力加速度 $g = 9.8\text{m/s}^2$ および水銀の密度 $\rho = 13.6\text{g/cm}^3$ を用いて，気体のゲージ圧 $p - p_\infty$ と絶対圧 p を求めよ。

問 1.3　付録 B の表の値を用いて，窒素を理想気体として，標準大気圧かつ 20 ℃ における窒素の比体積 v を求めよ。

問 1.4　ある固体の比熱 c が $t_1 = 200$ ℃ で $c_1 = 2.0\text{J/(g}\cdot\text{K)}$，$t_2 = 300$ ℃ で $c_2 = 2.4\text{J/(g}\cdot\text{K)}$ であり，比熱 c は以下の二次の多項式で表される。この固体の温度が t_1 から t_2 まで上昇したとき，比内部エネルギーの増分 Δu と単位質量当たりの吸熱量 q_{12} を求めよ。また，a =1 とおいたときの Δu と q_{12} を求めよ。

$$\frac{c - c_1}{c_2 - c_1} = a\left(\frac{t - t_1}{t_2 - t_1}\right) + (1 - a)\left(\frac{t - t_1}{t_2 - t_1}\right)^2 \tag{1.14}$$

$$a = 0.3$$

問 1.5　水が温度 20 ℃，速度 2m/s，標高 20m で流路に流入し，温度 21 ℃，速度 20m/s，標高 0m で流出する。比熱 4.2J/(g · K) 一定，重力加速度を 9.8m/s^2 として，液体の比内部エネルギーの増分および，単位質量当たりの運動エネルギーとポテンシャルエネルギーの増分を求めよ。

第2章

エネルギー保存則とエネルギー解析

本章では，摩擦を受ける物体や膨張または収縮する気体を対象に，エネルギー解析の初歩を学ぶ。エネルギー解析では，対象とする系の状態変化を圧力 p と比体積 v の関数 $p(v)$ で表し，その関数とエネルギー保存の一般式，エネルギー収支式を展開して，生成される仕事量や授受される熱量を決める。その解析手法を習得するため，解説や解析例を通して以下の内容を学ぶ。

・種々の形態のエネルギーと分類
・万能エネルギーとエネルギー保存の一般式
・検査「体積」法を援用したエネルギー収支式の立て方
・物質の状態変化の関数 $p(v)$ による表現と生成仕事
・種々の系に対するエネルギー解析

2.1　エネルギーの形態と分類

2.1.1 万能エネルギー

エネルギーは，基本的に以下の三つに分類できる。

・熱エネルギー

・内部エネルギー

・万能エネルギー

熱と内部エネルギーは，系の状態を維持したままで力学的エネルギーや仕事に 100% 変換することはできない。一方，力学的エネルギーや仕事，電気エネルギーは，可逆変化であれば，系に状態変化を生じることなく他の形態のエネルギーに 100 %変換可能である。後者のエネルギーを総称して**万能エネルギー**と呼ぶ。なお，万能エネルギーは本書において独自に定義したものである。

本書では初めに以下の三つの形態の万能エネルギーを扱い，第 6 章において化学エネルギーを扱う。

・力学的エネルギー

・仕事

・電気エネルギー

2.1.2 力学的エネルギー

系の**力学的エネルギー**は，運動エネルギーとポテンシャルエネルギーの和である。運動エネルギーは並進速度と回転速度の両方から構成されるが，本書では並進速度の運動エネルギーのみに限定し，かつポテンシャルエネルギーは重力場におけるものに限定する。したがって，系の単位質量当たりの力学的エネルギー e_{mch} は，

$$e_{\mathrm{mch}} = \frac{E_{\mathrm{mch}}}{m} = \frac{1}{2}\omega^2 + gz \tag{2.1}$$

である。ここに，m：系の質量，ω：系の速度，z：基準面からの標高，g：重力加速度である。

2.1.3 運搬仕事

本書では，仕事もエネルギーの一形態として扱う。図 2.1 のように物体に一定の力 F を加えて距離 $\Delta x = x_2 - x_1$ 移動させるのに要する仕事 $W_{\mathrm{tr},12}$ は，

$$W_{\mathrm{tr},12} = F\Delta x$$

である。力 F が変化する場合は，

$$W_{\mathrm{tr},12} = \int_1^2 F\mathrm{d}x \tag{2.2}$$

である。これと同じ形態の仕事には，回転仕事（回転軸を介して出力される仕事）や流動仕事（次章で説明）などがある。このような仕事は**運搬仕事**あるいは単に仕事と呼ばれる。運搬仕事は系の境界においてなされ，系の内部で生成または散逸される仕事（2.3 節参照）とは区別さ

れる。

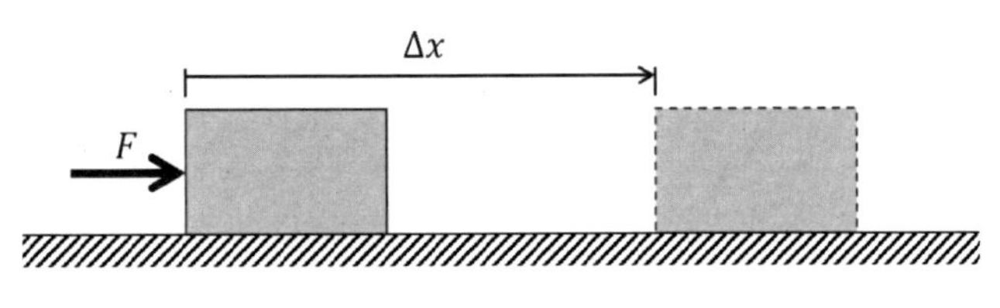

図 2.1 運搬仕事の例

運搬仕事と力学的エネルギーを，**機械的エネルギー**と呼ぶ。なお，運搬仕事 $W_{tr,12}$ は物質内部ではなく系の表面で授受される量であり，系（物質）の単位質量当たりに換算した量とする場合は $W_{tr,12}/m$ で表示される。

本書では，仕事の授受を次のように表現する。

・「系が周囲に仕事をする」⇒「系が周囲に仕事を**授与する**」または「系が仕事を**出力する**」
・「周囲が系に仕事をする」⇒「系が周囲から仕事を**享受する**」

2.1.4 電気エネルギー

電気エネルギーも代表的なエネルギー形態の一つである。図 2.2 に示す電池を含む回路を例にとると，電池内で化学変化を伴って内部エネルギーから変換（生成）され出力される電気エネルギーは，電流 I と電圧 V として検知される。単位時間あたりに出力される電気エネルギー $E_{elc,f}$ は，電流 I と電圧 V の積として算出される。

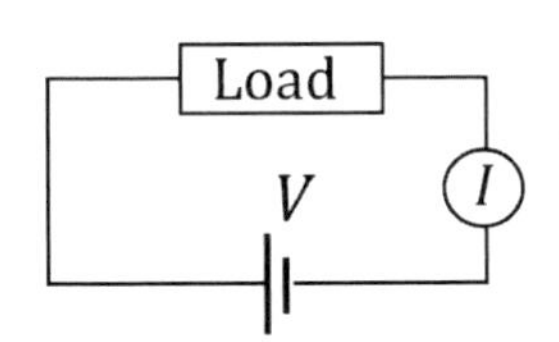

図 2.2 電気エネルギーの生成と検出

2.1.5 エネルギーの分類

2.1.1 項で，エネルギーは基本的に熱エネルギー，内部エネルギー，万能エネルギーの三つに分類できると述べた。一方，エネルギーの形態を系と周囲の間で授受されるものか否かに基づいて分類することもできる。これらに基づきエネルギーの形態を分類したものを図 2.3 に示す。

力学的エネルギー E_{mch}，電気エネルギー E_{elc}，運搬仕事 W_{tr} は万能エネルギーに属し，内部エネルギー U および熱 Q と区別される。熱 Q，運搬仕事 W_{tr}，電気エネルギー E_{elc} は，系と周囲の間で授受されるエネルギーに属し，力学的エネルギー E_{mch} および内部エネルルギー U と区別される。つまり，運搬仕事 W_{tr} と電気エネルギー E_{elc} は系と周囲の間で授受される万能エネルギー，熱 Q は周囲と授受される非万能エネルギー，内部エネルギー U は周囲と授受されない非万能エネルギー，力学的エネルギー E_{mch} は周囲と授受されない万能エネルギーである。

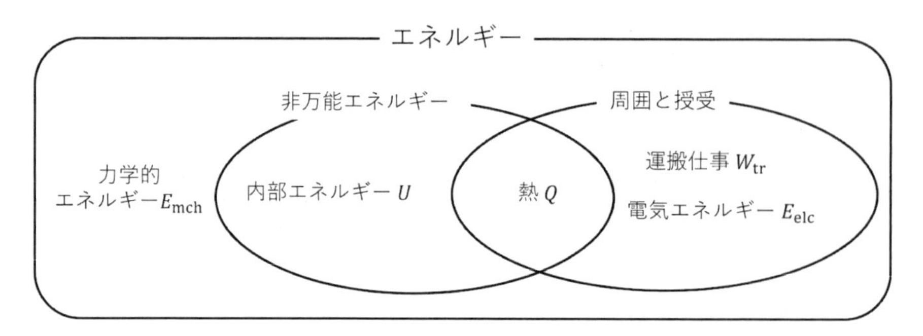

図 2.3　エネルギーの分類

なお本書では，熱エネルギーと運搬仕事の授受の際の符号を以下のように固定して用いる（図 2.4）。

系が**吸熱**：Q_{12}　　系が仕事を**享受**：$-W_{tr,12}$

系が**放熱**：$-Q_{12}$　系が仕事を**授与**：$W_{tr,12}$

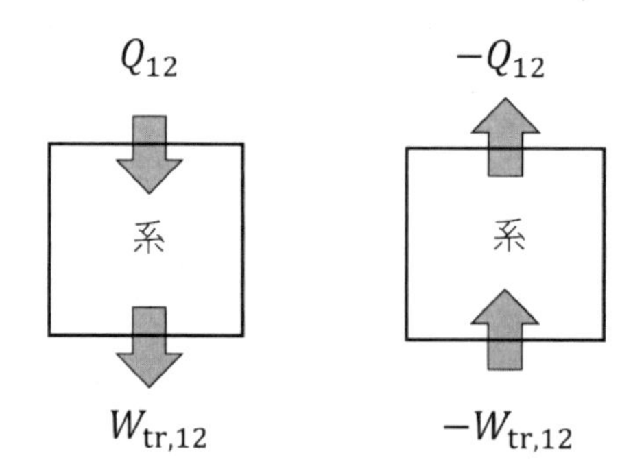

図 2.4　吸熱と放熱および仕事の授与と享受

2.2　エネルギーの保存と万能エネルギーの保存

2.2.1 エネルギー保存の一般式

エネルギーの形態は多様であり，また系の形象によって関係するエネルギーの形態が異なるので，あらゆる形象の系に適用可能なエネルギー保存則の式を提示するのは難しい。しかし，2.1.1 項で導入した万能エネルギーを用いれば，エネルギー保存則の一般式を表記することが可能になる。

種類や状態を限定しない物質（系）について，任意の微少量（物質塊）を考える（図 2.5（左））。単位質量の物質塊に出入りするエネルギーを網羅したものを図 2.5（右）に示す。

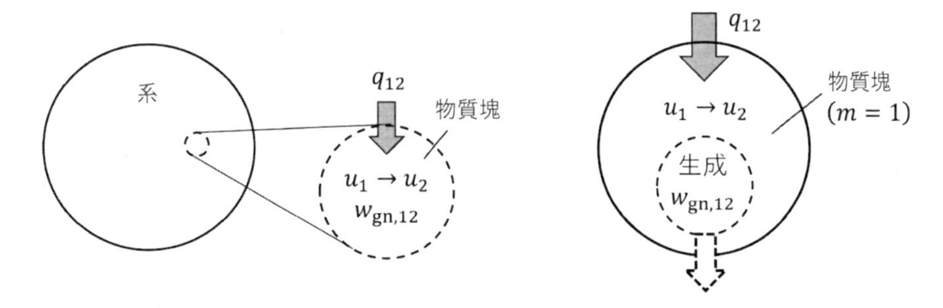

図 2.5　任意の物質塊（左）と物質塊に出入りするエネルギー（右）

物質塊において，吸収した熱 q_{12} と内部エネルギーの落差 $(-\Delta u)$ が万能エネルギー $w_{gn,12}$ に変換される，あるいは q_{12} と $(-\Delta u)$ から $w_{gn,12}$ が生成されると考えると，エネルギー収支は，

$$q_{12} - \Delta u = w_{gn,12} \tag{2.3}$$

となる。この $w_{gn,12}$ を**生成万能エネルギー**または**生成仕事**と呼ぶ。

式 (2.3) を系内の物質の全体にわたって積分すると，

$$\int_m q_{12}\mathrm{d}m - \left(\int_m u_2\mathrm{d}m - \int_m u_1\mathrm{d}m\right) = \int_m w_{gn,12}\mathrm{d}m \tag{2.4}$$

ここに，

$$Q_{12} = \int_m q_{12}\mathrm{d}m \tag{2.5}$$

$$U = \int_m u\mathrm{d}m \tag{1.5}$$

$$W_{gn,12} = \int_m w_{gn,12}\mathrm{d}m \tag{2.6}$$

とおくと，

$$Q_{12} - \Delta U = W_{gn,12} \tag{2.7}$$

式 (2.3) と式 (2.7) は，**物質が置かれた状態（系の形象）を問わずに成り立つ式**であり，**エネルギー保存の一般式**と呼ばれる。エネルギー保存の一般式は，次の二つを意味する。

・エネルギーの形態は，万能エネルギー，内部エネルギー，熱の三つに大別される。

・これらのエネルギーの総量は保存される。

万能エネルギーのグループには多様な形態のエネルギーが属しており，個々の系によって関係するエネルギーの形態もその数も異なる。それらの形態のエネルギーおよび熱，内部エネルギーから構成されるエネルギー保存の式を**エネルギー収支式**と呼ぶ。したがって，エネルギー収支式は個々の系の形象によって異なる。エネルギー収支式とエネルギー保存の一般式の両者は，系のエネルギー解析に活用される重要な式である。

2.2.2 万能エネルギーの保存

万能エネルギーが機械的エネルギー（系自身の力学的エネルギーと運搬仕事）に限定される系について考える（図 2.6）。系は熱量 Q_{12} を吸収し運搬仕事 $W_{tr,12}$ を周囲に授与して，保有する内部エネルギーと力学的エネルギーの変化 $\Delta U + \Delta E_{mch}$ を生ずる。したがって，この系に対するエネルギー収支式は,

$$\Delta U + \Delta E_{mch} = Q_{12} - W_{tr,12} \tag{2.8}$$

である。上式 (2.8) とエネルギー保存の一般式 (2.7) より，次式が得られる。

$$W_{gn,12} = \Delta E_{mch} + W_{tr,12} \tag{2.9}$$

上式 (2.9) によれば，系の内部で生成した仕事（万能エネルギー）は，系の外（周囲）に立つ観察者に検知可能な力学的エネルギーの増分と運搬仕事に分配される。これを一般化すると,「万能エネルギーは保存される」と表現できる。

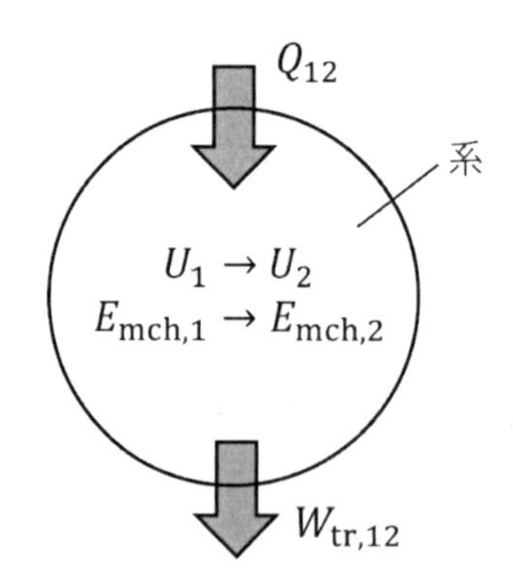

図 2.6　万能エネルギーが機械的エネルギーに限定される系のエネルギー収支

従来の力学的エネルギーの保存則は次のように表現できる。

「系の力学的エネルギーの増分は，系が享受する運搬仕事量に等しい。」

一方，**万能エネルギー保存則**は次のように表現できる。

「系が保有する万能エネルギーの増分は，系が享受する万能エネルギーと系内で生成される万能エネルギーの和に等しい。」

このように，万能エネルギー保存則は生成万能エネルギーも含んで表現され，従来の力学的エネルギーの保存則を拡張したものといえる。

2.3　生成仕事

エネルギー保存の一般式を構成する生成仕事について詳しく説明しよう。力学的な仕事には気体の膨張により生成される，または収縮によって気体に吸収されるものと，摩擦により失われるもの（負の生成仕事）がある。

2.3.1 可逆変化における膨張生成仕事

シリンダー・ピストン内の気体について考える（図 2.7）。

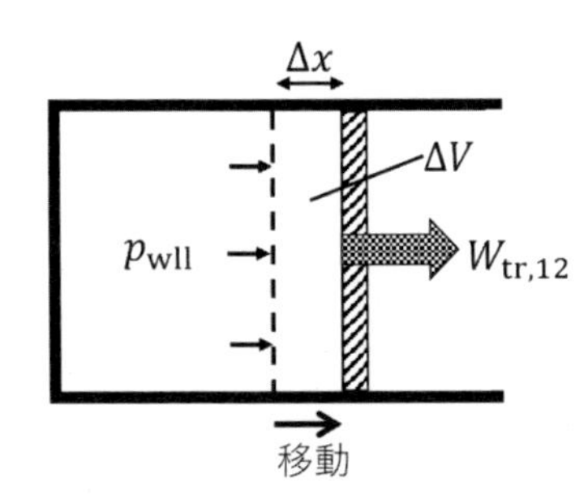

図 2.7　シリンダー内の気体がピストン内壁に授与する運搬仕事

気体を系とし，シリンダーとピストンおよび周りの空気は周囲として扱う。ピストン内面における圧力を p_{wll}，シリンダーの断面積を A とすると，ピストン内壁に作用する力は $p_{\mathrm{wll}}A$ である。固定されたシリンダーに対しピストンが位置 x_1 から x_2 に移動すると，気体（系）はピストンに対し次式の運搬仕事を授与する。

$$W_{\mathrm{tr},12} = \int_{x_1}^{x_2} F\mathrm{d}x = \int_1^2 p_{\mathrm{wll}}A\mathrm{d}x \tag{2.10}$$

ピストンの移動量と気体の体積 V の増分には次の関係が成り立つ。

$$\mathrm{d}V = A\mathrm{d}x$$

よって，

$$W_{\mathrm{tr},12} = \int_1^2 p_{\mathrm{wll}}A\mathrm{d}x = \int_1^2 p_{\mathrm{wll}}\mathrm{d}V \tag{2.11}$$

である。このように，気体の膨張に伴う運搬仕事 $W_{\mathrm{tr},12}$ は圧力 p_{wll} を体積 V で積分することにより求められる。同様に，気体の局所における単位質量の気体塊（図 2.8）の膨張によって生成される仕事 $w_{\mathrm{gn},12}$ は局所の圧力 p を比体積 v で積分したものであり，次式で与えられる。

$$w_{\mathrm{gn},12} = \int_1^2 p\mathrm{d}v \tag{2.12}$$

上式 (2.12) で表される仕事 $w_{\mathrm{gn},12}$ を**膨張生成仕事**と呼ぶ。

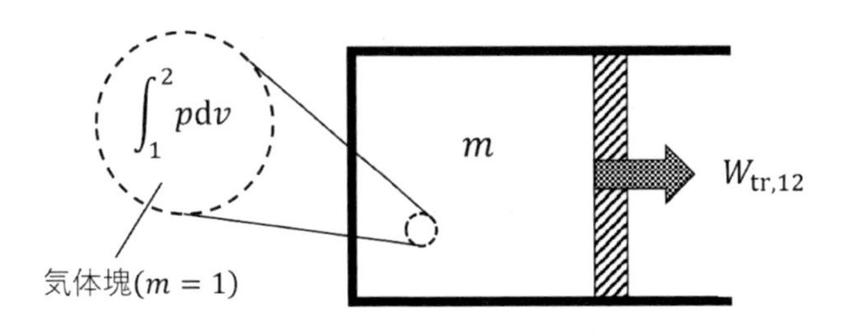

図 2.8　気体内の局所における膨張生成仕事

系内の生成仕事の総量 $W_{\mathrm{gn},12}$ は，次式で与えられる。

$$W_{\mathrm{gn},12} = \int_m \left(\int_1^2 p\mathrm{d}v \right) \mathrm{d}m \tag{2.13}$$

2.3.2 膨張生成仕事の視覚化

抽象的な量である仕事を視覚化することは，理解を助ける。物体の状態の変化過程は，関数 $p = p(v)$ で表すことができる。図 2.9 のように関数 $p = p(v)$ を（縦軸 p）−（横軸 v）の座標系において表示した曲線を $p - v$ 線図といい，$p - v$ 線図と横軸の間のグレーの面積は膨張生成仕事 $w_{\mathrm{gn},12}$ に相当する。

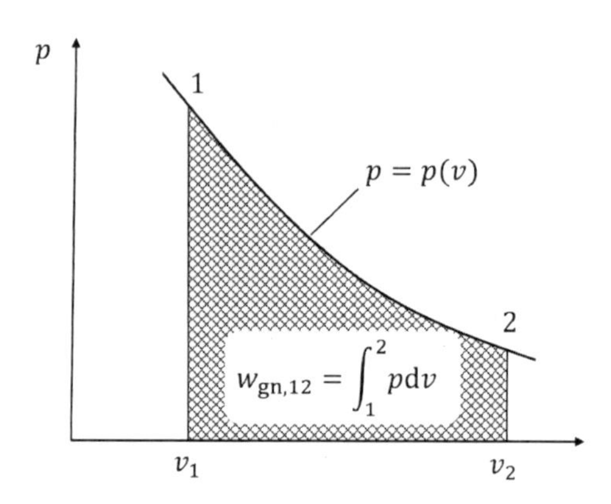

図 2.9　$p - v$ 線図と膨張生成仕事の視覚化

同図に示す状態 1 から 2 に変化する過程においては比体積は増加する $(\mathrm{d}v > 0)$ ので，膨張生成仕事は正 $(w_{\mathrm{gn},12} > 0)$ である。逆に，状態 2 から 1 に変化する過程においては比体積は減少する $(\mathrm{d}v < 0)$ ので，膨張生成仕事は負 $(w_{\mathrm{gn},21} < 0)$ であり，$p - v$ 線図と横軸の間のグレーの面積は $\left| w_{\mathrm{gn},21} \right| = -w_{\mathrm{gn},21}$ に相当する。膨張生成仕事が負とは，圧縮に要する仕事を気体が享受するということである。

2.3.3 摩擦と負の生成仕事

系内に流動摩擦が生じる場合には万能エネルギーが熱に変換されるが，これを「負の生成仕事が生じる」または「万能エネルギーが散逸される」という。

$$W_{\mathrm{gn},12} < 0$$

多くの場合，負の生成仕事の値を直接求めることは困難であり，万能エネルギーの収支式 (2.9) を介して力学的エネルギーの増分や運搬仕事から求められる。

固体物質（系）の境界において生ずる固体摩擦の仕事は，系が享受する運搬仕事 $(-W_{tr,12})$ である。

$$-W_{\mathrm{tr},12} = \int_{x_1}^{x_2} (-F)\,\mathrm{d}x = -\int_{x_1}^{x_2} F\mathrm{d}x$$

$$W_{\mathrm{tr},12} = \int_{x_1}^{x_2} F\mathrm{d}x \tag{2.14}$$

ここに，F：摩擦力，x：移動距離である。移動方向に対し逆の方向に摩擦力が働くので，摩擦力 F にマイナスが付く。上式 (2.14) によれば固体摩擦が享受する摩擦仕事 $(-W_{\mathrm{tr},12})$ はマイナスの値であるが，その絶対値 $|-W_{\mathrm{tr},12}| = W_{\mathrm{tr},12}$ を系が**授与する**摩擦仕事ということもできる。

2.3.4 可逆変化のエネルギー保存の式

エネルギー保存の一般式 (2.3) に膨張生成仕事の式 (2.12) を代入すると，

$$q_{12} = \Delta u + \int_1^2 p\mathrm{d}v \tag{2.15}$$

である。その微分形は,

$$\delta q = \mathrm{d}u + p\mathrm{d}v \tag{2.16}$$

である。式 (2.15) と式 (2.16) は**可逆変化のエネルギー保存の式**と呼ばれ，可逆変化を解析する際に活用される。

◆ 微少増分と微少量の表記

式 (2.16) において $\mathrm{d}u$ は状態量 u の微少増分を表し，δq は熱量 q_{12} の微少量を表す。同様に，仕事の微少量も δw と表記する。まとめると以下の通りである。

d：状態量などの微少増分

δ：熱と仕事の微少量

2.4 検査「体積」法

2.4.1 検査体積と検査「体積」

エネルギー収支式とは，系に入るエネルギーにプラスを，出るエネルギーにマイナスを付した項の総和が系の保有するエネルギーの増分に等しいとおいた式，またはそれを変形した式である。多くのエネルギー解析においては系を対象にエネルギー収支式を立てる必要があるが，それを容易にするために，本書では時間的変化のない定常現象の系に対しては従来の検査体積法を用い，非定常現象の系においては**検査「体積」法**を用いる。いずれもエネルギー収支式を構成する種々の形態のエネルギーを視覚化するためのものである。

図 2.10 のように，液体中を空気の泡が吸熱・膨張しつつ上昇する非定常過程を考える。比較のため，従来の検査体積法を適用した場合も説明する。気泡（系）の占める空間を検査体積として，関係するエネルギーを網羅したものを図 2.11（左）に示す。この検査体積は系（気泡）と同一である。熱 Q_{12} と運搬仕事 $W_{\mathrm{tr},12}$ は検査体積に出入りする量として表され，内部エネルギー U と力学的エネルギー E_{mch} は検査体積内で変化する量として表示される。

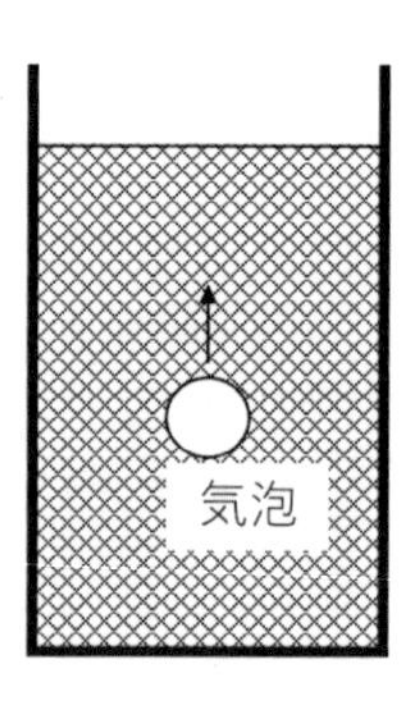

図 2.10　気泡の膨張を伴う運動

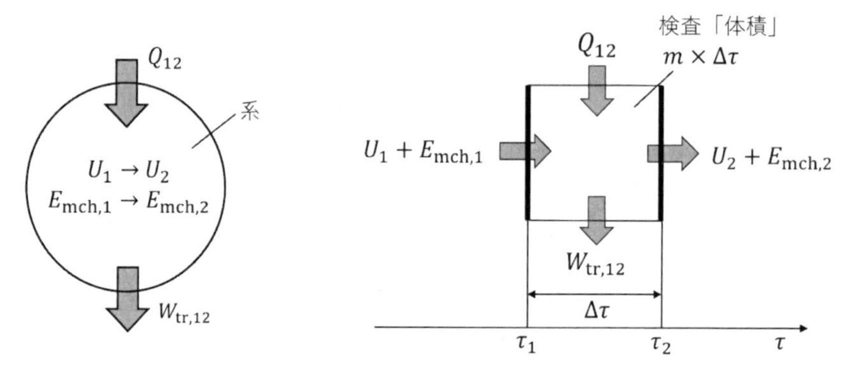

図 2.11　検査体積（左）と検査「体積」に出入りするエネルギー（右）

次に，同じ系（気泡）に対し，その質量 m と変化の始まりから終わりまでに要した時間 $\Delta\tau = \tau_2 - \tau_1$ の積 $m \times \Delta\tau$ を検査「体積」として，関係するエネルギーを網羅したものを図 2.11（右）に示す。時間 τ を水平軸とし，系の質量 m を垂直に立てた棒で表示すると，その棒が水平な時間軸に沿って $\Delta\tau$ だけ移動して作る形状として検査「体積」が表される。この例のように系の質量 m が一定な場合は，検査「体積」は長方形の形状を取る。$m \times \Delta\tau$ は質量と時間の積であり，体積とは次元が異なるので，これを「体積」とカッコ付きで表記する。

検査「体積」$m \times \Delta\tau$ においては，時刻 τ_1 に質量 m が保有するエネルギー $(U_1 + E_{\mathrm{mch},1})$ が検査「体積」に持ち込まれ，時刻 τ_2 には保有するエネルギー $(U_2 + E_{\mathrm{mch},2})$ が持ち出される。検査「体積」法を用いれば，このように全ての形態のエネルギーを検査「体積」に出入りする量として表示することができるので，エネルギー収支の視覚的な把握が容易である。加えて，検査「体積」に入るエネルギーの総量と出るエネルギーの総量を等しいとおくだけで，容易にエネルギー収支式を立てることができる。

一方，時間変化のない定常な系においては系が保有するエネルギーである内部エネルギー U や力学的エネルギー E_{mch} は変化しないので，検査体積法が適している。これらを援用したエネルギー解析の具体例を以下に示す。

解析例 2.1：摩擦面を滑降する物体（固体摩擦）

図 2.12（左）のように，固体の物体が摩擦のある斜面上を位置 1 から 2 まで滑降する過程を

考える。以下の数値が既知である。

物体の質量 $m = 2\,\mathrm{kg}$，比熱 $c = 2.5\mathrm{J}/(\mathrm{g}\cdot\mathrm{K})$ で一定，物体内部の温度は均一であり，$t_1 = 20\,^\circ\mathrm{C}$，$t_2 = 20.1\,^\circ\mathrm{C}$，速度 $\omega_1 = 0, \omega_2 = 10\mathrm{m/s}$，滑降前後の標高差 $\Delta z = -50\mathrm{m}$，重力加速度 $g = 9.8\mathrm{m/s^2}$。ここに，添字 1：位置 1，添字 2：位置 2 である。

物体の滑降現象は非定常であり，系（物体）の質量 m と時間 $\Delta\tau = \tau_2 - \tau_1$ の積 $m \times \Delta\tau$ を検査「体積」に取る。検査「体積」$m \times \Delta\tau$ に出入りするエネルギーを網羅したものを図 2.12（右）に示す。系は時刻 τ_1 において保有エネルギー $m(u_1 + e_{\mathrm{mch},1})$ を検査「体積」に持ち込み，時刻 τ_2 には $m(u_2 + e_{\mathrm{mch},2})$ を持ち出す。また，時間 $\Delta\tau$ の間に検査「体積」は熱量 Q_{12} を吸収し，摩擦仕事 $(-W_{\mathrm{tr},12})$ を享受する（$W_{\mathrm{tr},12}$ を授与する）。

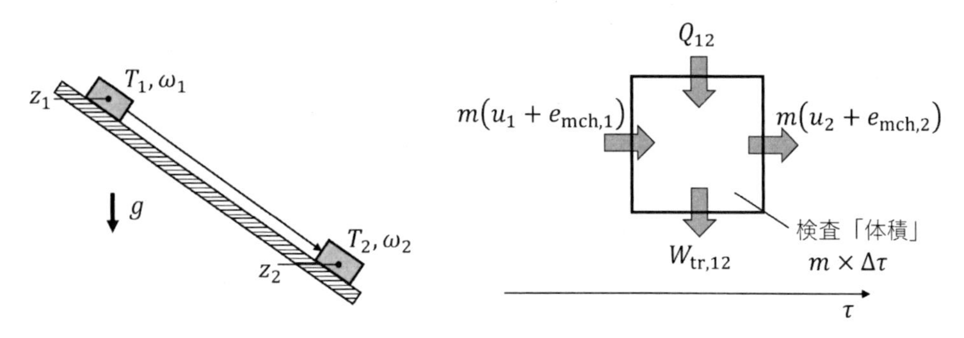

図 2.12 斜面を滑降する物体（左）と検査「体積」に出入りするエネルギー（右）

固体内の流動および膨張は無視できるので，生成仕事は，

$$W_{\mathrm{gn},12} = 0$$

である。物体（系）の内部エネルギーの増分は，

$$m\Delta u = mc\,(t_2 - t_1) = 500\mathrm{J}$$

である。エネルギー保存の一般式 (2.7) より，

$$Q_{12} - m\Delta u = W_{\mathrm{gn},12} = 0 \tag{2.17}$$

$$Q_{12} = m\Delta u = 500\mathrm{J}$$

である。

図 2.12（右）より滑降物体に対するエネルギーの収支式は，

$$m(u_2 - u_1 + e_{\mathrm{mch},2} - e_{\mathrm{mch},1}) = m\,(\Delta u + \Delta e_{\mathrm{mch}}) = Q_{12} - W_{\mathrm{tr},12}$$

$$m\,(\Delta u + \Delta e_{\mathrm{mch}}) = Q_{12} - W_{\mathrm{tr},12} \tag{2.18}$$

である。上のエネルギー収支式 (2.18) と式 (2.17) より，次の万能エネルギーの収支式が得られる。

$$m(e_{\mathrm{mch},2} - e_{\mathrm{mch},1}) - (-W_{\mathrm{tr},12}) = 0$$

$$W_{\mathrm{tr},12} = -m\Delta e_{\mathrm{mch}}$$

よって，系が授与する摩擦仕事（摩擦仕事の絶対値）$W_{\mathrm{tr},12}$ は力学的エネルギーの減少量に等しい。

力学的エネルギーの減少量は，

$$-m\Delta e_{\mathrm{mch}} = -m\left[\frac{1}{2}\left(\omega_2^2 - \omega_1^2\right) + g\left(z_2 - z_1\right)\right] = 880\mathrm{J}$$

$$W_{\mathrm{tr},12} = -m\Delta e_{\mathrm{mch}} = 880\mathrm{J}$$

である。系が授与する摩擦仕事 $W_{\mathrm{tr},12}$ は全て熱に変換され，その一部の $Q_{12} = 500\mathrm{J}$ を物体が享受するので，周囲への熱量は，

$$880 - 500 = 380\mathrm{J}$$

である。以上の結果より，滑降物体の力学的エネルギー $m\Delta e_{\mathrm{mch}}$ が，摩擦仕事を経由して物体の内部エネルギー増分 $m\Delta u$ と周囲への放熱に変換されたと解釈できる。

解析例 2.2：膨張を伴って加速する気体

図 2.13（左）のように，大気中に置かれた摩擦のないシリンダー・ピストン内の気体を系とし，その気体が可逆的な膨張を伴って加速する過程について考える。ピストンは支持棒から自由に離れることができる。また，気体は断熱されており，周囲空気による流動抵抗とシリンダーおよびピストンの質量は無視できる。以下の数値が既知である。

気体の質量 $m = 1\mathrm{g}$，比熱 $c_v = 0.72\mathrm{J/(g \cdot K)}$ で一定，気圧 $p_\infty = 0.1\mathrm{MPa}$，温度 $T_1 = 580\mathrm{K}$，体積 $V_1 = 170\mathrm{cm}^3$，$V_2 = 860\mathrm{cm}^3$，速度 $\omega_1 = 0, \omega_2 = 60\mathrm{m/s}$。ここに，添字 1 : 膨張前，添字 2 : 膨張後である。

可逆変化なので，系（気体）の状態量は一様である。系（気体）の質量と時間の積の検査「体積」$m \times \Delta\tau$ に出入りするエネルギーを網羅したものを図 2.13（右）に示す。気体は保有しているエネルギー $m(u_1 + e_{\mathrm{mch},1})$ を検査「体積」に持ち込み，保有エネルギー $m(u_2 + e_{\mathrm{mch},2})$ を持ち出す。また，時間 $\Delta\tau$ の間に，検査「体積」は自らの体積の増大に伴い周囲空気を押しのける仕事（以下，排除仕事）$W_{\mathrm{tr},12}$ を周囲に授与する。

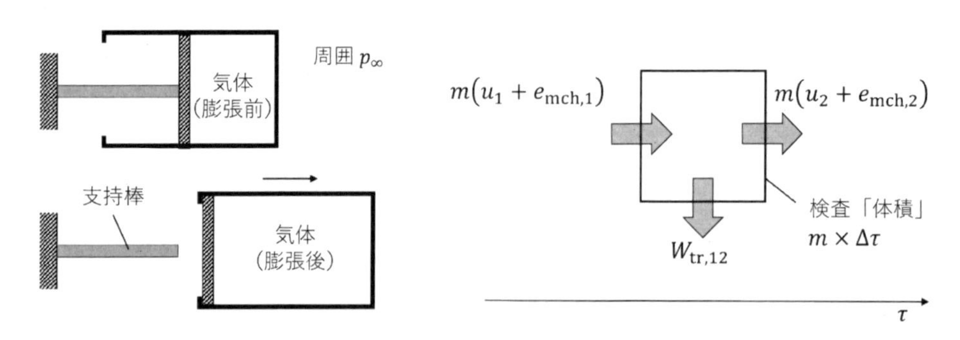

図 2.13　シリンダー・ピストン内の気体の膨張（左）と検査「体積」に出入りするエネルギー（右）

系は支持棒に力を加えるが支持棒は動かないので，そこでは運搬仕事の授受はなく，系が周囲

に授与する仕事は排除仕事 $W_{tr,12}$ のみである。周囲圧力 p_∞ 一定とすると排除仕事は,

$$\frac{W_{tr,12}}{m} = \frac{p_\infty \Delta V}{m} = p_\infty \frac{V_2 - V_1}{m} = p_\infty \Delta v = 69\text{J/g}$$

である。力学的エネルギーの増分は，運動エネルギーの増分だけなので,

$$\Delta e_{mch} = \frac{1}{2}\left(\omega_2^2 - \omega_1^2\right) = 1.8\text{J/g}$$

である。図 2.13（右）より，当該気体に対するエネルギー収支は,

$$m(u_2 - u_1 + e_{mch,2} - e_{mch,1}) = -W_{tr,12}$$

$$\Delta u + \Delta e_{mch} + \frac{W_{tr,12}}{m} = 0 \tag{2.19}$$

$$\Delta u = -\Delta e_{mch} - \frac{W_{tr,12}}{m} = -70.8\text{J/g}$$

である。気体の比熱 c_v は一定であり，次式が成り立つとする。

$$\Delta u = c_v \Delta T$$

以上より,

$$\Delta T = \frac{\Delta u}{c_v} = -98.3\text{K}$$

が得られ，膨張に伴い，気体の温度は 98.3K 低下する。

エネルギー保存の一般式 (2.3) より,

$$w_{gn,12} = q_{12} - \Delta u = -\Delta u = 70.8\text{J/g} \tag{2.20}$$

である。上式 (2.20) とエネルギー収支式 (2.19) より，次の万能エネルギーの収支式が得られる。

$$w_{gn,12} = \Delta e_{mch} + \frac{W_{tr,12}}{m} \tag{2.21}$$

式 (2.20) と式 (2.21) によれば，気体の内部エネルギーの減少に伴い仕事が生成され，それが運動エネルギーの増分と排除仕事に分配される。

2.4.2 ポリトロープ変化 $(pv^n = C)$

次のベキ関数で表される状態変化について考える。この変化を**ポリトロープ変化**という。

$$pv^n = C\ (\text{一定}) \tag{2.22}$$

ここに，n：定数（ポリトロープ指数）である。異なる指数 n に対するポリトロープ曲線を図 2.14 に示す。

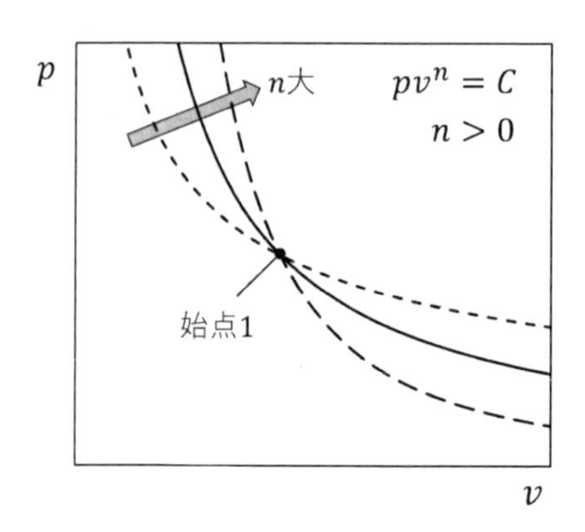

図 2.14　異なる指数 n のポリトロープ変化の $p-v$ 線図

変化の始点の状態 1 の (p_1,v_1) と終点の状態 2 の (p_2, v_2) は式 (2.22) を満足するので，

$$pv^n = p_1v_1^n = p_2v_2^n = C \tag{2.23}$$

$$\left(\frac{v_2}{v_1}\right)^n = \frac{p_1}{p_2}$$

$$n \ln\frac{v_2}{v_1} = -\ln\frac{p_2}{p_1}$$

$$n = -\frac{\ln(p_2/p_1)}{\ln(v_2/v_1)} \tag{2.24}$$

である。可逆的に変化すると想定すると，膨張生成仕事の式 (2.12) と式 (2.23) より次式が得られる。

$$w_{\mathrm{gn},12} = \int_1^2 p\mathrm{d}v = p_1v_1^n\int_1^2\frac{\mathrm{d}v}{v^n} = \frac{1}{1-n}\left(\frac{p_2v_2^n}{v_2^{n-1}} - \frac{p_1v_1^n}{v_1^{n-1}}\right) = -\frac{1}{n-1}(p_2v_2 - p_1v_1)$$

$$w_{\mathrm{gn},12} = \int_1^2 p\mathrm{d}v = -\frac{1}{n-1}(p_2v_2 - p_1v_1) \tag{2.25}$$

解析例 2.3：実在気体のポリトロープ変化

図 2.15（左）のように，シリンダー・ピストン内の水蒸気が，状態 (300 ℃, 5MPa) から p_2 = 20MPa まで可逆的に圧縮される過程を考える。変化過程は $pv^{1.2} = C$（一定）で表され，力学的エネルギーの変化は無視できる。

可逆変化なので系（水蒸気）内の状態量は一様であり，単位質量当たりの水蒸気について解析する。気体の単位質量 $(m = 1)$ と時間の積の検査「体積」$m \times \Delta\tau$ に出入りするエネルギーを網羅したものを，図 2.15（右）に示す。

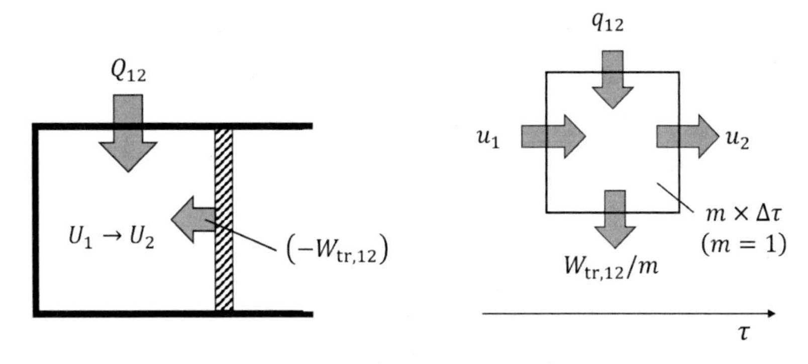

図 2.15　シリンダー・ピストン内の水蒸気の圧縮（左）と検査「体積」に出入りするエネルギー（右）

付録 D の水蒸気表より，

$$v_1 = 45.3\mathrm{cm^3/g},\ u_1 = 2700\mathrm{J/g}$$

である。ベキ関数 $pv^{1.2} = C$ より，

$$p_2 v_2^{1.2} = p_1 v_1^{1.2} = C$$

$$v_2 = \left(\frac{p_1}{p_2}\right)^{1/1.2} v_1 = 14.3\mathrm{cm^3/g}$$

である。

次ページで述べる内分による状態量の求め方 (図 2.16) より，

$$u_2 = 2909\mathrm{J/g}$$

である。ポリトロープ変化の膨張生成仕事の式 (2.25) より，

$$w_{\mathrm{gn},12} = -\frac{1}{0.2}\left(p_2 v_2 - p_1 v_1\right) = -294\mathrm{J/g}$$

である。エネルギー保存の一般式 (2.3) より，

$$q_{12} = u_2 - u_1 + w_{\mathrm{gn},12} = -85\mathrm{J/g} \tag{2.26}$$

である。図 2.15（右）より，水蒸気に対するエネルギー収支は，

$$u_2 - u_1 = q_{12} - \frac{W_{\mathrm{tr},12}}{m} \tag{2.27}$$

である。式 (2.26) と式 (2.27) より，

$$\frac{W_{\mathrm{tr},12}}{m} = w_{\mathrm{gn},12} = -294\mathrm{J/g}$$

以上のように，変化過程を表す関数 $p = p(v)$ から膨張生成仕事 $w_{\mathrm{gn},12}$ が算出され，エネルギー保存の一般式 (2.3) より吸熱量 q_{12} が求まる。さらに，系に対するエネルギー収支式 (2.26) より運搬仕事 $W_{\mathrm{tr},12}/m$ が求まる。

◆ 内分による状態量の求め方

物性値の表には飛び飛びの値が記載されている。求めたい値が表中の 2 つの数値の間にあるときは，図 2.16 に示す内分の方法を用いる。例えば，水蒸気の $(20\text{MPa}, v = 14.3\text{cm}^3/\text{g})$ における圧力 p と比内部エネルギー u を求める手順は以下の通り。

付録 D の水蒸気表中の 20MPa の行において，$v = 14.3\text{cm}^3/\text{g}$ を跨ぐ比体積をとる各種の状態量は，

$$t_* = 400\ ^\circ\text{C},\ v_* = 9.95\text{cm}^3/\text{g},\ u_* = 2618\text{J/g}$$

$$t_{**} = 500\ ^\circ\text{C},\ v_{**} = 14.8\text{cm}^3/\text{g},\ u_{**} = 2945\text{J/g}$$

である。v,p,u は，それぞれ v_* と v_{**}, p_* と p_{**}, u_* と u_{**} の間の内分点にあるので，次式が成り立つ。

$$x = \frac{v - v_*}{v_{**} - v_*} = 0.890$$

$$t = t_* + x\,(t_{**} - t_*) = 489\ ^\circ\text{C}$$

$$u = u_* + x\,(u_{**} - u_*) = 2909\text{J/g}$$

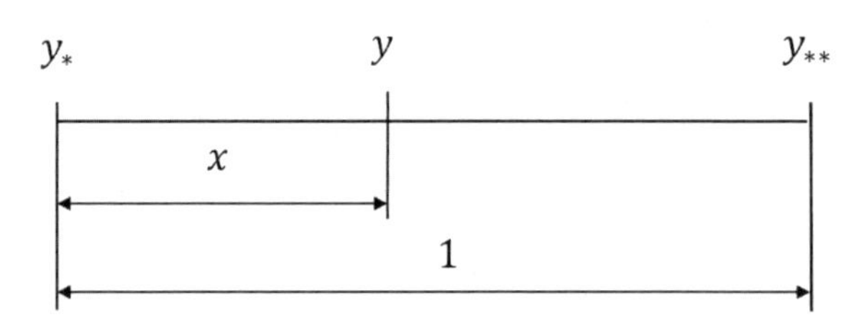

図 2.16　内分の方法

2.4.3 状態変化の $p - v$ 多項式近似

状態変化を表す関数は自由に選択することができる。その例を以下に示す。

解析例 2.4：$p - v$ 多項式で表される状態変化

解析例 2.3 において，始点の状態 $(300\ ^\circ\text{C}, 5\text{MPa})$ と終点の状態 $(489\ ^\circ\text{C}, 20\text{MPa})$ は同じであるが，途中の状態変化は次の二次の多項式で表されるとする。

$$\frac{p - p_1}{p_2 - p_1} = a\left(\frac{v - v_1}{v_2 - v_1}\right) + (1 - a)\left(\frac{v - v_1}{v_2 - v_1}\right)^2 \tag{2.28}$$

$$a = 0.2$$

上記の二次の多項式とベキ関数の $p - v$ 線図を図 2.17 に示す。膨張生成仕事の式 (2.12) より，

$$w_{\text{gn},12} = \int_1^2 p\text{d}v = \left[p_1 + \frac{2 + a}{6}\,(p_2 - p_1)\right](v_2 - v_1) = -326\text{J/g} \tag{2.29}$$

である。図 2.17 において，二次の多項式の $p - v$ 線図がベキ関数のそれの上方にあり，前者の

膨張仕事 $w_{gn,12}$ の方が大きい。エネルギー保存の一般式 (2.3) より，

$$q_{12} = u_2 - u_1 + w_{gn,12} = -117\mathrm{J/g} \tag{2.30}$$

である。上式 (2.30) とエネルギー収支式 (2.27) より，次の値を得る。

$$\frac{W_{tr,12}}{m} = w_{gn,12} = -326\mathrm{J/g}$$

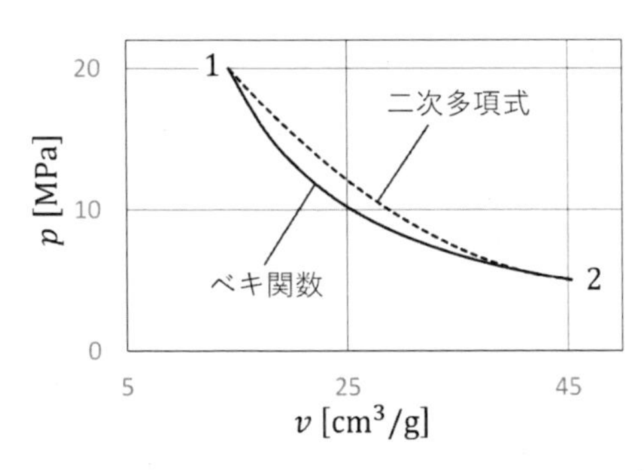

図 2.17　ベキ関数と二次多項式の $p-v$ 線図

2.5　章末問題

問 2.1　体重 50 kg の人がジャンプし，その重心が垂直方向に最大 2m 移動する。人の筋肉が生み出すジャンプに必要な仕事量を求めよ。なお，重力加速度 $g = 9.8\mathrm{m/s^2}$ である。

問 2.2　図 2.18（左）に示す流動摩擦を利用した減速装置（ダンパー）に，質量 $m = 100\ \mathrm{ton} = 1 \times 10^5\ \mathrm{kg}$ の物体が時速 60 km/h で衝突し静止した。その過程で熱容量 $mc = 310\ \mathrm{kJ/K}$ 一定のダンパーの温度が 30K 上昇した。物体のポテンシャルエネルギーの変化とダンパーの力学的エネルギーの変化は無視できる。検査「体積」の図 2.18（右）を参考に，ダンパーが享受した仕事 $(-W_{tr,12})$ とダンパー内の負の生成仕事（万能エネルギーの散逸量）$(-W_{gn,12})$，ダンパーの内部エネルギーの増分 ΔU および周囲への放熱量 $(-Q_{12})$ を求めよ。

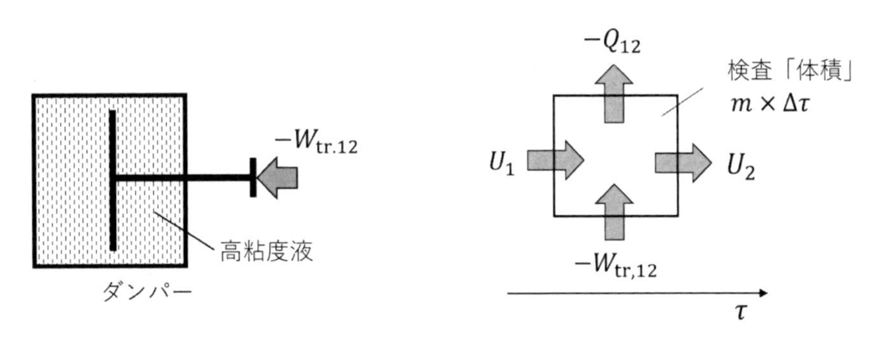

図 2.18　ダンパー（左）と検査「体積」に出入りするエネルギー（右）

問 2.3　シリンダー・ピストン内の水蒸気が，圧力を一定 ($\mathrm{d}p = 0$) に保って，(100 ℃, 0.1MPa) の状態から 800 ℃に可逆的に加熱される。力学的エネルギーの変化は無視できるとして，水蒸気の比内部エネルギーの増分 Δu，単位質量当たりの生成仕事 $w_{\mathrm{gn},12}$，吸熱量 q_{12}，水蒸気がピストンに授与する仕事 $W_{\mathrm{tr},12}/m$ を求めよ。

問 2.4　シリンダー・ピストン内の水蒸気が，状態 (800 ℃, 20MPa) から状態 (200 ℃, 1MPa) まで可逆的に膨張する過程を考える。変化過程は $pv^n = C$（一定）で表される。力学的エネルギーの変化は無視できるとして，指数 n，単位質量当たりの生成仕事 $w_{\mathrm{gn},12}$，吸熱量 q_{12}，水蒸気がピストンに授与する仕事 $W_{\mathrm{tr},12}/m$ を求めよ。

問 2.5　シリンダー・ピストン内の水蒸気が，状態 (800 ℃, 20MPa) から $p_2 = 5\mathrm{MPa}$ まで可逆的に膨張する過程を考える。変化過程は，$pv^{1.4} = C$（一定）で表される。力学的エネルギーの変化は無視できるとして，膨張後の温度 t_2，単位質量当たりの生成仕事 $w_{\mathrm{gn},12}$，吸熱量 q_{12}，水蒸気がピストンに授与する仕事 $W_{\mathrm{tr},12}/m$ を求めよ。

問 2.6　シリンダー・ピストン内の水蒸気が，状態 (300 ℃, 5MPa) から状態 (500 ℃, 20MPa) まで可逆的に圧縮される過程を考える。変化過程は，次の三次の多項式で表される。

$$\frac{p - p_1}{p_2 - p_1} = a\left(\frac{v - v_1}{v_2 - v_1}\right) + (1 - a)\left(\frac{v - v_1}{v_2 - v_1}\right)^3 \tag{2.31}$$

$$a = 0.2$$

力学的エネルギーの変化は無視できるとして，水蒸気の比内部エネルギーの増分 Δu，単位質量当たりの生成仕事 $w_{\mathrm{gn},12}$，吸熱量 q_{12}，水蒸気がピストンに授与する仕事 $W_{\mathrm{tr},12}/m$ を求めよ。

第3章

開いた系とエネルギー解析

前章では閉じた系を対象にエネルギー解析を行ったが，本章では様々な形象の開いた系を対象に解析を行う。開いた系は定常流動系と非定常流動系の場合があり，また，系に流入・流出する物質は液体と気体の場合がある。気体は理想気体と実在気体の場合があるが，本章では実在気体を扱う。これらのエネルギー解析法を習得するため，本章では以下の内容を学ぶ。

・流動仕事と工業仕事およびエンタルピー
・圧縮性物質の比熱
・定常流動系および非定常流動系に対するエネルギー収支式の立て方
・実在気体の状態変化の関数 $p(v)$ による表現
・定常流動系および非定常流動系に対するエネルギー解析

3.1　開いた系と流動仕事，エンタルピー

3.1.1 閉じた系と開いた系

これまで扱った系は，図3.1（左）のように系の境界が閉ざされていて，周囲から物質の出入りがない系である。このような系を**閉じた系**といい，第1章と第2章で取り上げたシリンダー・ピストン内の流体はその例である。

一方，図3.1（右）のように，周囲から物質が出入りする系を**開いた系**という。ガスタービンや圧縮機などの多くのエネルギー機器は開いた系である。開いた系は，さらに**定常流動系**と**非定常流動系**に分類される。定常流動系においては，流体の状態量と非状態量は空間的に変化するが，時間的には変化せず一定である。一方，非定常流動系においては，それらの変数は時間とともに変化する。

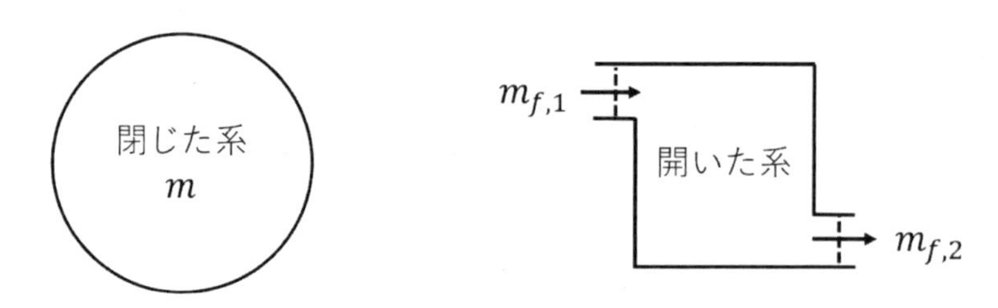

図3.1　閉じた系（左）と開いた系（右）

開いた系においては，物質が系の入口から出口へと流動し，その過程において吸熱（または放熱）する。したがって，その流動過程で速度も温度も変化する。開いた系における内部可逆変化とは，以下の二つを満足する変化である。

①流動摩擦がない＝流体が完全流体として振る舞う。

②可逆伝熱＝温度差ゼロで，系の境界から流体内部に（または流体内部から境界に）熱が伝わる。

◆ **定常流動系の変数の添え字**

以下のように，添え字1と2は閉じた系においては時間的に異なる点を示し，定常流動系（開いた系）においては空間的に異なる点を示す。

閉じた系；添え字1：変化の始点，2：変化の終点，
　　12：変化過程において系が授受する量

定常流動系；添え字1：入口，2：出口，
　　12：入口から出口に至る過程において流体が授受する量

単位時間当たりに系に流入出する量を，添え字 f を用いて表示する。例えば，単位時間当たりの質量流量と吸熱量は m_f と Q_f で表示する。

3.1.2 流動仕事とエンタルピー

図 3.2 のように，開いた系の入口において体積 $V_{f,1}$ の流体が圧力 p_1 で系内に押し込まれるとすると，系は仕事 $p_1V_{f,1}$ を享受することになる。また，出口において体積 $V_{f,2}$ の流体が圧力 p_2 で系外へ押し出されるとすると，系は周囲に仕事 $p_2V_{f,2}$ を授与する。このように流体の出入りに伴い発生する仕事を，**流動仕事**と呼ぶ。流動仕事は系が周囲との間で授受する運搬仕事の一種である。

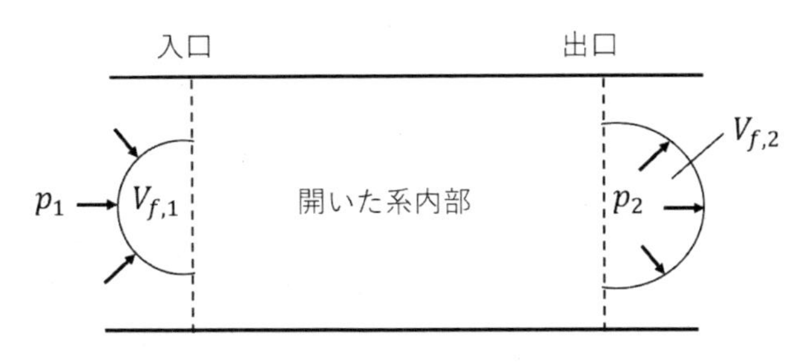

図 3.2　流入と流出に伴う流動仕事

連続した流入出のある系においても流動仕事の授受が行われており，単位時間当たりの流入量を m_f，その体積を V_f，圧力を p，比体積を v とすると，単位時間当たりの流動仕事は次式で表される。

$$pV_f = m_f pv$$

単位質量当たりの流動仕事は，

$$\frac{pV_f}{m_f} = pv \tag{3.1}$$

である。流入・流出の際に，流体は比内部エネルギー u と流動仕事 pv を系内に持ち込む（あるいは持ち出す）ので，u と pv **が常に対（ペア）**になって現れる。両者は単位質量当たりのエネルギーであり，両者の和を一つの変数にし，それを**比エンタルピー** h と呼ぶ。比エンタルピー h の定義式は，

$$h = u + pv \tag{3.2}$$

である。比エンタルピー h を導入することにより，流量 m_f とともにエンタルピー（エネルギー）$m_f h$ が系に持ち込まれる（または持ち出される），と簡便に表現することができる。比エンタルピー h は単位質量の物質が系に持ち込む，あるいは持ち出すエネルギーである。

比エンタルピー h を構成する比内部エネルギー u，圧力 p，比体積 v は状態量なので，比エンタルピー h も状態量である。したがって，

$$h = h(T, p)$$

である。種々の物質について，異なる状態 (T, p) における比エンタルピー h の値は，文献 [3] などから入手できる。付録 D の表に水蒸気の比エンタルピー h の値を示す。

質量 m の物質のエンタルピー H は，次式を用いて求められる。

$$H = \int_m h\mathrm{d}m \tag{3.3}$$

3.2 圧縮性物質の比熱

3.2.1 定積比熱と定圧比熱

圧縮性物質（気体）においては様々な状態変化とその状態変化を表す関数 $p = p(v)$ が可能であり，それぞれの状態変化に対応して比熱 $c_n(T)$ を決めることができる。状態変化における吸熱量 q_{12} は，比熱 $c_n(T)$ を用いて，

$$q_{12} = \int_1^2 c_n(T)\,\mathrm{d}T \tag{3.4}$$

から求められる。

このように，状態変化に対応した様々な比熱の定義が可能であるが，通常用いられる比熱と対応する状態変化は次の二つである。

①定積比熱 c_v：定積変化 $(\mathrm{d}v = 0)$ における比熱

②定圧比熱 c_p：定圧変化 $(\mathrm{d}p = 0)$ における比熱

系の体積を一定に保った変化を**定積変化**といい，定積変化における比熱を**定積比熱** c_v という。定積変化は次のように表記される。

$v = \mathrm{C}$（一定）$\rightarrow \mathrm{d}v = 0$ と表記

定積変化 $(\mathrm{d}v = 0)$ では，

$$w_{\mathrm{gn},12} = \int_1^2 p\mathrm{d}v = 0$$

である。エネルギー保存の一般式 (2.3) より，

$$q_{12} = \Delta u + w_{\mathrm{gn},12} = \Delta u$$

である。比内部エネルギー微少増分 Δu に伴う温度上昇を ΔT とすると，

$$c_v = \frac{q_{12}}{\Delta T} = \left(\frac{\Delta u}{\Delta T}\right)_v = \left(\frac{\partial u}{\partial T}\right)_v$$

$$c_v = \left(\frac{\partial u}{\partial T}\right)_v \tag{3.5}$$

である。上式 (3.5) は定積比熱 c_v の定義式であり，右辺は比体積 v 一定の偏微分を表す。

系の圧力 p を一定に保った変化を**定圧変化**といい，定圧変化における比熱を**定圧比熱** c_p という。定圧変化は，次のように表記される。

$p =$ 一定 $\rightarrow \mathrm{d}p = 0$ と表記

定圧（$\mathrm{d}p = 0$）の可逆変化では，

$$p_1 = p_2 = p$$

$$w_{\mathrm{gn},12} = \int_1^2 p\mathrm{d}v = p\,(v_2 - v_1)$$

である。エネルギー保存の一般式 (2.3) より，

$$q_{12} = u_2 - u_1 + w_{gn,12} = u_2 - u_1 + p\,(v_2 - v_1) = (u_2 + p_2 v_2) - (u_1 + p_1 v_1) = h_2 - h_1$$

$$q_{12} = \Delta h$$

である。よって，微少増分 Δh に伴う温度上昇を ΔT とすると，

$$c_p = \frac{q_{12}}{\Delta T} = \left(\frac{\Delta h}{\Delta T}\right)_p = \left(\frac{\partial h}{\partial T}\right)_p$$

$$c_p = \left(\frac{\partial h}{\partial T}\right)_p \tag{3.6}$$

である。上式 (3.6) は定圧比熱 c_p の定義式であり，右辺は圧力 p 一定の偏微分である。

3.2.2 比熱と内部エネルギーおよびエンタルピー

状態量である比内部エネルギー u と比エンタルピー h は，温度 T と比体積 v（または圧力 p）の関数として表される。

$$u = u\,(T, v)$$

$$h = h(T, p)$$

上式を全微分の式を用いて微分表示すると，

$$\mathrm{d}u = \left(\frac{\partial u}{\partial T}\right)_v \mathrm{d}T + \left(\frac{\partial u}{\partial v}\right)_T \mathrm{d}v = c_v \mathrm{d}T + \left(\frac{\partial u}{\partial v}\right)_T \mathrm{d}v \tag{3.7}$$

$$\mathrm{d}h = \left(\frac{\partial h}{\partial T}\right)_p \mathrm{d}T + \left(\frac{\partial h}{\partial p}\right)_T \mathrm{d}p = c_p \mathrm{d}T + \left(\frac{\partial h}{\partial p}\right)_T \mathrm{d}p \tag{3.8}$$

固体や液体などの非圧縮性物質の場合と異なり，気体の比内部エネルギーおよび比エンタルピーを求める際には，上式 (3.7),(3.8) の右辺第一項の比熱の項に加えて第二項も考慮する必要がある。

定積変化 ($\mathrm{d}v = 0$) **に限定すれば**，u の全微分の式 (3.7) の右辺第二項はゼロになるので，次式が成り立つ。

$$\mathrm{d}u = c_v \mathrm{d}T \tag{3.9}$$

$$\Delta u = u_2 - u_1 = \int_1^2 c_v \mathrm{d}T \tag{3.10}$$

定圧変化 ($\mathrm{d}p = 0$) **に限定すれば**，h の全微分の式 (3.8) の右辺第二項はゼロになるので，次式が成り立つ。

$$\mathrm{d}h = c_p \mathrm{d}T \tag{3.11}$$

$$\Delta h = h_2 - h_1 = \int_1^2 c_p \mathrm{d}T \tag{3.12}$$

上式 (3.10) と (3.12) は，理想気体の Δu と Δh を求める際に利用される。一方，実在気体に対しては物性値表等から u_1，u_2，h_1，h_2 の値を読み取り（付録Dの水蒸気表参照），$\Delta u, \Delta h$ を求める方法が一般的である。

3.3　定常流動系とエネルギー解析

3.3.1 定常流動系のエネルギー収支

万能エネルギーが機械的エネルギーに限定される定常流動系を解析しよう。定常流動系では，全ての変数は時間的に一定である。系内の流体の質量は一定に保たれるので，質量収支より単位時間に流入する質量 $m_{f,1}$ と流出する質量 $m_{f,2}$ は等しい。よって次式が成り立つ。

$$m_{f,1} = m_{f,2} = m_f \tag{3.13}$$

定常流動系においては，系が占める空間を検査体積とする方が簡便である。定常流動系の検査体積に出入りする単位時間当たりのエネルギーを網羅したものを図 3.3 に示す。検査体積に出入りする万能エネルギーは，流動仕事と力学的エネルギーと工業仕事 W_f である。

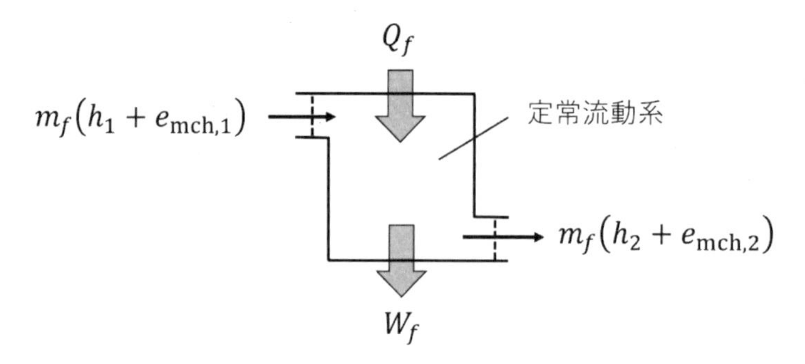

図 3.3　定常流動系に出入りするエネルギー

図 3.3 より，定常流動系に対するエネルギー収支は，

$$Q_f + m_f(h_1 + e_{\mathrm{mch},1}) = m_f(h_2 + e_{\mathrm{mch},2}) + W_f$$

$$m_f\left(\Delta h + \Delta e_{\mathrm{mch}}\right) = Q_f - W_f \tag{3.14}$$

である。ここに，h：流入出する流体の比エンタルピー，e_{mch}：単位質量当たりの力学的エネルギー，Q_f：単位時間当たりに系が吸収する熱量，W_f：単位時間当たりに系が出力する工業仕事，添え字 1 と 2：検査体積の流入口と流出口である。開いた系が周囲と授受する運搬仕事には，流動仕事と工業仕事 W_f がある。**工業仕事** W_f は，開いた系が周囲に授与する運搬仕事の正味量から流動仕事の正味量を差し引いた量である。

3.3.2 可逆定常流動系のエネルギー収支

図 3.3 の定常流動系は，図 3.4 のような一次元流路として考えることができる。その流路に単位質量の流体塊が流入すると系内の流体が玉突きされて移動し，単位質量の流体塊が出口から押し出される。

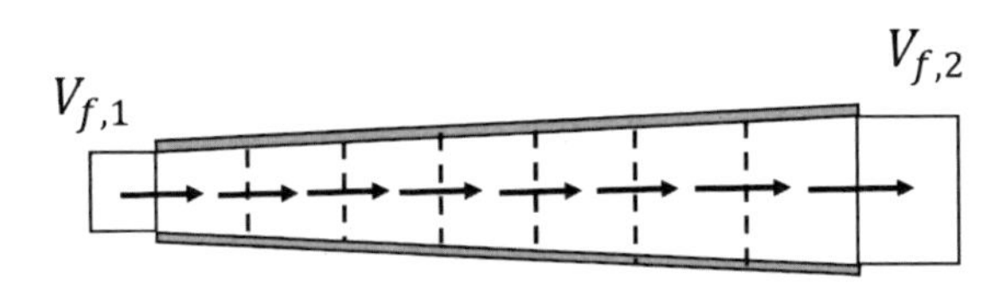

図 3.4　定常流動系（一次元流路）

流入時の体積を $V_{f,1}$，流出時の体積を $V_{f,2}$ とする。いずれの流体塊も，流入から流出までの過程において経験する状態変化は同じである。その状態変化が可逆的であるとすると生成仕事 $w_{\mathrm{gn},12}$ は**流体の移動経路に沿った積分**により求められ，次式が成り立つ。

$$w_{\mathrm{gn},12} = \int_1^2 p\mathrm{d}v \tag{2.12}$$

したがって，流体塊の流入から流出までの過程に対するエネルギー保存の一般式は，

$$q_{12} - \Delta u = \int_1^2 p\mathrm{d}v \tag{2.15}$$

となり，可逆変化のエネルギー保存の式 (2.15) に帰着する。

単位質量の流体塊が流入から流出までに吸熱する量 q_{12} と定常流動系が単位時間当たりに吸熱する量 Q_f の間には次の関係が成り立つ。

$$q_{12} = \frac{Q_f}{m_f} \tag{3.15}$$

よって，定常流動系に対するエネルギー収支式 (3.14) は，

$$\Delta h + \Delta e_{mch} = q_{12} - \frac{W_f}{m_f} \tag{3.16}$$

となる。

また，可逆的に膨張仕事を生成する定常流動系においては，式 (3.16) と式 (2.15) および比エンタルピーの定義式 (3.2) より，次の万能エネルギーの収支式が得られる。

$$w_{\mathrm{gn},12} = \int_1^2 p\mathrm{d}v = \Delta e_{mch} + \Delta(pv) + \frac{W_f}{m_f} \tag{3.17}$$

$$\Delta e_{\mathrm{mch}} + \frac{W_f}{m_f} = \int_1^2 p\mathrm{d}v - \Delta(pv) \tag{3.18}$$

ここに，$\Delta(pv) = p_2v_2 - p_1v_1$ である。

図 3.5 に示すように，上式 (3.18) 右辺の各項に対応する面積について次の関係が成り立つ。

$$\int_1^2 p\mathrm{d}v + p_1 v_1 - p_2 v_2 = -\int_1^2 v\mathrm{d}p \tag{3.19}$$

式 (3.18) と式 (3.19) より，次式が得られる。

$$\Delta e_{\mathrm{mch}} + \frac{W_f}{m_f} = -\int_1^2 v\mathrm{d}p \tag{3.20}$$

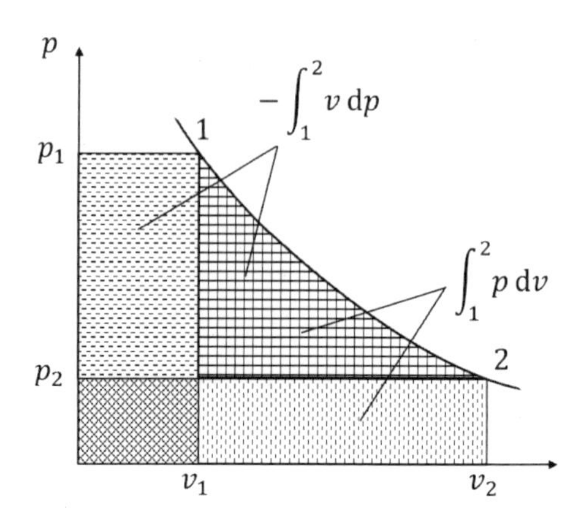

図 3.5　一部が重なった四つの面積

3.3.3 種々の開いた系の機器

代表的な開いた系の機器と，それらの模式図を以下に示す。

・ガスタービン

高温高圧の高エンタルピーの気体を膨張させて，エンタルピー落差を回転仕事に変換し出力する。膨張生成仕事が主に回転仕事に変換される系である（図 3.6（左））。

・圧縮機（コンプレッサー）

気体を圧縮して高圧の気体にする。入力された回転仕事が気体のエンタルピー上昇に変換される系である（図 3.6（右））。

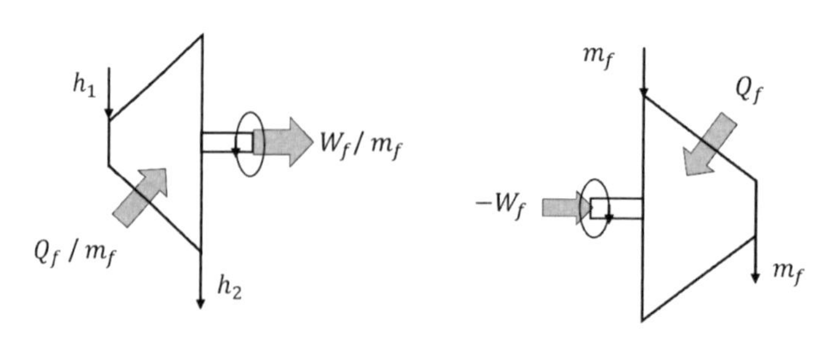

図 3.6　ガスタービン（左）と圧縮機（右）

・水力タービン

液体のポテンシャルエネルギーが，主に回転仕事に変換される系である。

・ノズル

高温高圧の気体を膨張させて加速する。膨張生成仕事が，主に運動エネルギーの増分に変換される系である。例として，ロケットエンジンやジェットエンジンの噴出口などがある（図 3.7（左））。

・熱交換器

高温の流体から低温の流体への熱の授受を行う。例として，車のラジエターや空調機の室内機や室外機などがある（図 3.7（右））。

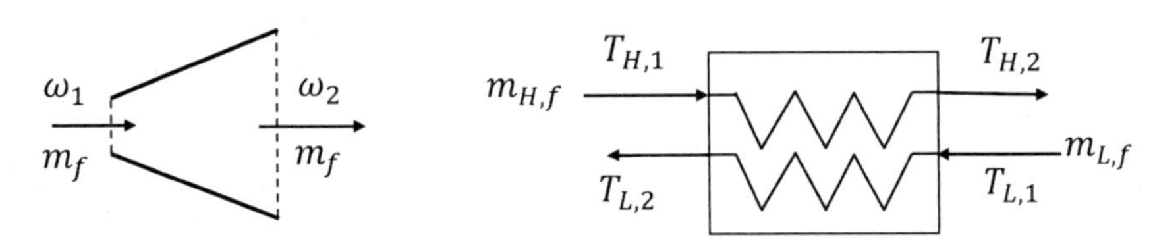

図 3.7　ノズル（左）と熱交換器（右）

解析例 3.1：水力タービン

図 3.8（左）のように，標高 z_1 =1000m のダムの湖面において t_1 =25 ℃，速度 ω_2 =0 の水が水力タービンを通った後，標高 z_2 =0m，t_2 =25.2 ℃，速度 ω_2 =20m/s で排出される過程を考える。水の流量は m_f = 500g/s であり，タービン出力仕事は W_f =4000W である。重力加速度 g =9.8m/s^2，水の比熱 c = 4.2J/(g · K) 一定であり，水の比内部エネルギーについて $\Delta u = c\Delta T$ が成り立つ。

ダムの湖面から水力タービン出口に至る流路を検査体積（系）とし，ダムは十分大きく水は系内を定常流動するとして解析する。系に出入りするエネルギーを網羅したものを図 3.8（右）に示す。同図には，流入する水の単位質量当たりのエネルギー量が示されている。流体（水）とともにエンタルピーと力学的エネルギーが流入出し，熱が吸収（または放出）され，タービンから工業仕事が出力される。

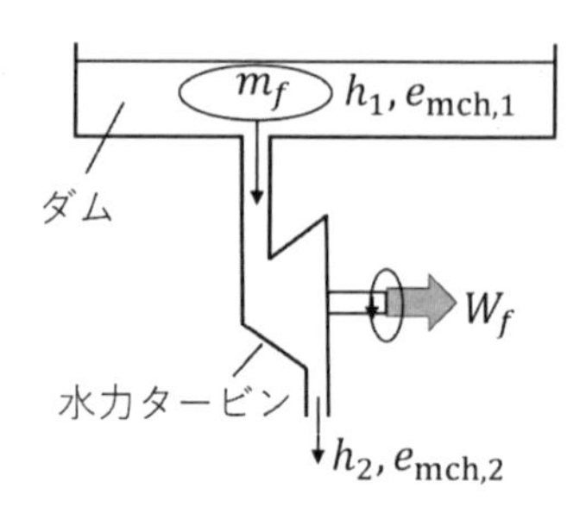

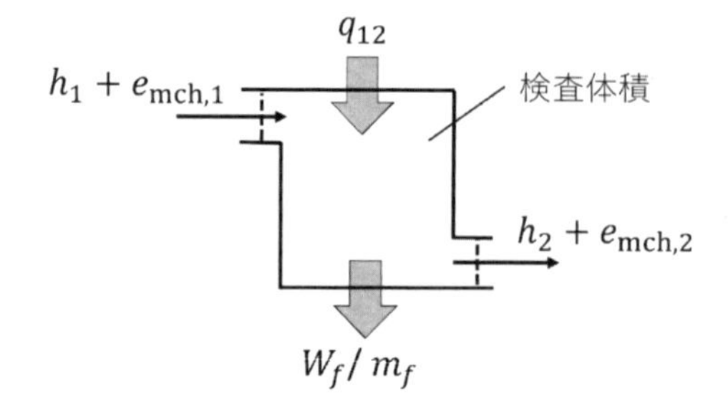

図 3.8　水力タービン（左）と検査体積に出入りするエネルギー（右）

液体は非圧縮性であり $v_1 \cong v_2 = v$ が成り立つ。また，ダムの水面とタービン出口は大気に開放されており，$p_1 = p_2 = p_\infty$ が成り立つ。したがって，非圧縮性である水の比エンタルピーの増分は，

$$\Delta h = \Delta u + \Delta(pv) \cong \Delta u + (p_2 - p_1)v = \Delta u = c\,(t_2 - t_1) = 0.840\mathrm{J/g}$$

である。力学的エネルギーの増分は，

$$\Delta e_{\mathrm{mch}} = e_{\mathrm{mch.2}} - e_{\mathrm{mch,1}} = \frac{1}{2}\left(\omega_2^2 - \omega_1^2\right) + g\,(z_2 - z_1) = -9.60\mathrm{J/g}$$

である。図 3.8（右）より，この系に対するエネルギー収支は，

$$\Delta h + \Delta e_{\mathrm{mch}} = q_{12} - \frac{W_f}{m_f} \tag{3.21}$$

$$q_{12} = \Delta h + \Delta e_{\mathrm{mch}} + \frac{W_f}{m_f} = -0.760\mathrm{J/g}$$

である。ここに，q_{12} は単位質量の水が系を通過する間に吸熱する量である。

この系を通過する単位質量の水に対するエネルギー保存の一般式 (2.3) と，上記のエネルギー収支式 (3.21) より，次の万能エネルギーの収支式が得られる。

$$w_{gn,12} = \Delta e_{\mathrm{mch}} + \Delta h - \Delta u + \frac{W_f}{m_f} = \Delta e_{\mathrm{mch}} + \frac{W_f}{m_f} \tag{3.22}$$

よって，

$$w_{\mathrm{gn},12} = \Delta e_{\mathrm{mch}} + \frac{W_f}{m_f} = -1.6\mathrm{J/g}$$

である。この $-w_{\mathrm{gn},12} = 1.6\mathrm{J/g}$ は，流動摩擦による負の生成仕事（万能エネルギーの散逸量）である。

以上より，ポテンシャルエネルギーは一部が流動摩擦を介して水のエンタルピー（温度）上昇と周囲への放熱に変換され，残りが工業仕事に変換されたと解釈できる。

解析例 3.2：定常流動系における実在気体のポリトロープ変化

水蒸気が，状態 (800 ℃,10MPa) でタービンに流入し，可逆的に膨張して状態 (100 ℃,0.1MPa) で流出する過程を考える。力学的エネルギーの変化は無視できるとする。

付録 D の水蒸気表より，

$$v_1 = 48.6\mathrm{cm}^3/\mathrm{g}, u_1 = 3629\mathrm{J/g}, h_1 = 4115\mathrm{J/g},$$
$$v_2 = 1696\mathrm{cm}^3/\mathrm{g}, u_2 = 2506\mathrm{J/g}, h_2 = 2676\mathrm{J/g}$$

である。タービンを通過する際の水蒸気の状態変化をベキ関数（ポリトロープ変化）で近似すると，式 (2.24) よりポリトロープ指数 n は，

$$n = -\frac{\ln(p_2/p_1)}{\ln(v_2/v_1)} = 1.296$$

である。

流入出する水蒸気の単位質量当たりの膨張生成仕事 $w_{\mathrm{gn},12}$ は，式 (2.25) より，

$$w_{\mathrm{gn},12} = \int_1^2 p\mathrm{d}v = -\frac{1}{n-1}(p_2v_2 - p_1v_1) = 1068\mathrm{J/g}$$

である。タービン（系）を通過する単位質量の水蒸気に対するエネルギー保存の一般式 (2.3) より，

$$q_{12} = u_2 - u_1 + w_{\mathrm{gn},12} = -55\mathrm{J/g}$$

である。タービンの系（検査体積）に出入りするエネルギーを網羅したものを図 3.9 に示す。同図よりタービンに対するエネルギー収支は，

$$\Delta h = q_{12} - \frac{W_f}{m_f} \tag{3.23}$$

$$\frac{W_f}{m_f} = q_{12} - \Delta h = 1384\mathrm{J/g}$$

である。

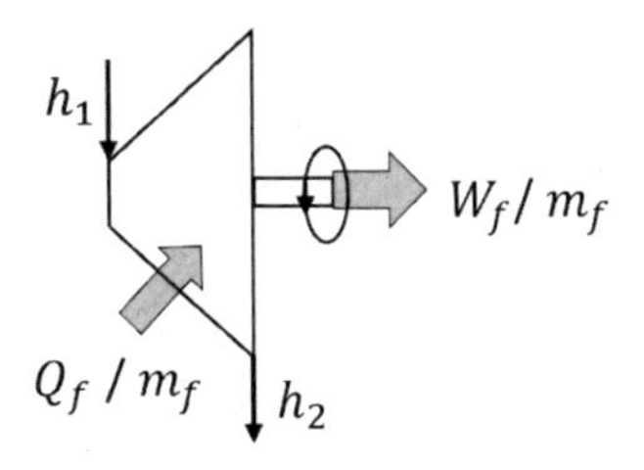

図 3.9　タービンに出入りするエネルギー

別の解析法

工業仕事 W_f/m_f について次のように展開することも可能である。上記のエネルギー収支式 (3.23) とエネルギー保存の一般式 (2.3) および比エンタルピーの定義式 (3.2) より，次の万能エネルギーの収支式が得られる。

$$\frac{W_f}{m_f} = w_{\mathrm{gn},12} - (p_2v_2 - p_1v_1) \tag{3.24}$$

上式 (3.24) に式 (2.25) を代入すると次式が得られ，数値を代入すると，

$$\frac{W_f}{m_f} = w_{\mathrm{gn},12} - (p_2v_2 - p_1v_1) = -\frac{n}{n-1}(p_2v_2 - p_1v_1) = 1384\mathrm{J/g}$$

となって，W_f/m_f について同じ値が得られる。

この解析例のようにタービンの入口と出口の (T, p) を測定すれば，タービン内の状態変化を仮定してタービン出力を見積もることが可能である。

3.4　非定常流動系とエネルギー解析

3.4.1 非定常流動系

流入または流出する流体の状態量や系内の状態量が時間とともに変化する流動系を，非定常流動系という。これらの時間変化に伴って，系が吸収する熱量や系が出力する仕事も時間変化する。

タービンや圧縮機などの機器は，始動時や停止時においては非定常流動系として扱われる。定常流動系に比べて非定常流動系のエネルギー解析はかなり複雑である。

3.4.2 非定常流動系のエネルギー解析

比較的単純な非定常流動系の解析例を以下に示す。

解析例 3.3：非定常流動系

図 3.10（左）のように，減圧された容器に温度 T_∞ 一定かつ圧力 p_∞ 一定で周囲空気が流入する。容器は断熱されており，容器壁の熱容量は十分小さく，容器内の空気の状態量は一様である。流入時の空気の力学的エネルギーは無視できる。

非定常流動系においては，容器内の空気の質量 m を $\Delta\tau$ にわたって時間 τ で積分したものを検査「体積」とする。すなわち，

$$\text{検査「体積」} = \int_1^2 m\,\mathrm{d}\tau \tag{3.25}$$

である。検査「体積」に出入りするエネルギーを網羅したものを図 3.10（右）に示す。時間とともに気体（系）の質量 m が増加（質量 m を表示する縦の線分が伸長）するので，検査「体積」を台形で近似して表示している。

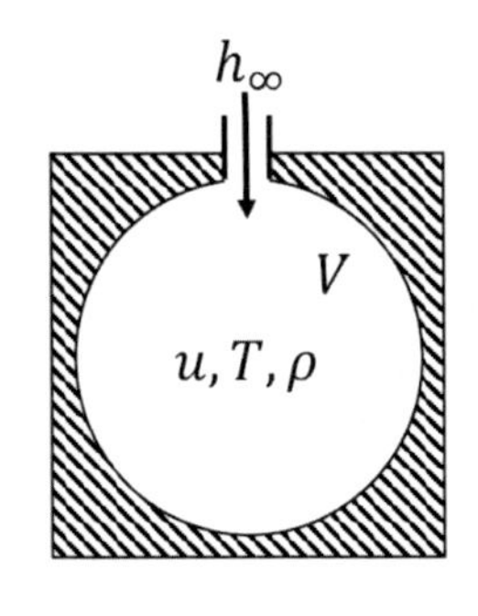

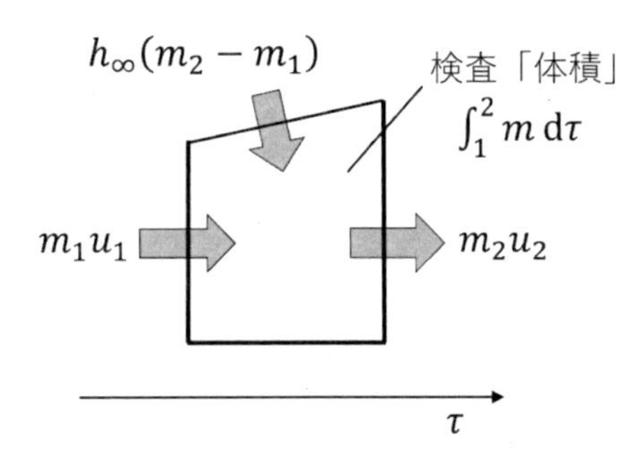

図 3.10　容器内への空気の非定常流入（左）と検査「体積」に出入りするエネルギー（右）

検査「体積」には内部エネルギー m_1u_1 が入り，m_2u_2 が出る。時間 $\Delta\tau$ の間に質量 $(m_2 - m_1)$ がエンタルピー $h_\infty(m_2 - m_1)$ を持ち込むので，エネルギーの収支は，

$$m_2u_2 - m_1u_1 = h_\infty(m_2 - m_1) \tag{3.26}$$

である。ここに，u：容器内空気の比内部エネルギー，m：質量，添え字 ∞：周囲空気である。

微小変化であるとして，

$$\mathrm{d}m = m_2 - m_1$$

$$\mathrm{d}u = u_2 - u_1$$

とおくと，

$$(u_1 + \mathrm{d}u)(m_1 + \mathrm{d}m) - m_1u_1 = h_\infty \mathrm{d}m = \left(u_\infty - p_\infty v_\infty\right)\mathrm{d}m$$

となる。$\mathrm{d}u \times \mathrm{d}m$ の二次の微小項を無視し，整理すると，

$$m_1\mathrm{d}u + (u_1 - u_\infty - p_\infty v_\infty)\mathrm{d}m = 0 \tag{3.27}$$

となる。上式 (3.27) 中の m_1 と u_1 は任意の時刻における値であるので，次のように置く。

$$m_1 = m$$

$$u_1 = u$$

これらを式 (3.27) に代入し，整理すると，

$$\frac{\mathrm{d}u}{u - u_\infty - p_\infty v_\infty} = -\frac{\mathrm{d}m}{m} = -\frac{\mathrm{d}(m/V)}{m/V} = -\frac{\mathrm{d}\rho}{\rho} \tag{3.28}$$

となる。ここに，V：容器の体積，ρ：空気の密度である。上の変数分離の式を初期状態（添え字 0 で表記）から任意の状態（添え字無し）まで積分すると，

$$\int_{u_0}^{u} \frac{\mathrm{d}u}{u - u_\infty - p_\infty v_\infty} = -\int_{\rho_0}^{\rho} \frac{d\rho}{\rho}$$

$$\ln\frac{u - u_\infty - p_\infty v_\infty}{u_0 - u_\infty - p_\infty v_\infty} = \ln\frac{\rho_0}{\rho}$$

$$\frac{u - u_\infty - p_\infty v_\infty}{u_0 - u_\infty - p_\infty v_\infty} = \frac{\rho_0}{\rho} \tag{3.29}$$

となる。空気の定積比熱 c_v 一定とし，次式が成り立つものとする。

$$\Delta u = c_v \Delta T$$

上式を代入し整理すると，

$$\frac{T - T_\infty - p_\infty v_\infty / c_v}{T_0 - T_\infty - p_\infty v_\infty / c_v} = \frac{\rho_0}{\rho} \tag{3.30}$$

となる。$\rho_0 \neq 0, T_0 = T_\infty$ の場合は，

$$T - T_\infty = \frac{p_\infty v_\infty}{c_v}\left(1 - \frac{\rho_0}{\rho}\right) \tag{3.31}$$

となる。容器内に空気が充填され密度 ρ が増加すると，温度 T は上昇し，$T - T_\infty$ は $p_\infty v_\infty / c_v$ に漸近する（図 3.11）。

容器内の初期圧力 $p_\infty = 0$（真空）の場合には，初期密度 $\rho_0 = 0$ であり，これを式 (3.31) に代入して整理すると，

$$T - T_\infty = \frac{p_\infty v_\infty}{c_v}(一定)$$

となる。空気の流入開始時から全過程を通して，容器内の空気の温度 T は周囲温度 T_∞ よりも $p_\infty v_\infty / c_v$ だけ高く，常に一定に保たれる。

$T_\infty = 298\mathrm{K}(25\ ℃)$, $p_\infty v_\infty \cong RT_\infty = 85.5\mathrm{J/g}$, $c_v = 0.718\mathrm{J/(g \cdot K)}$ の数値を用いると，

$$T - T_\infty = \frac{p_\infty v_\infty}{c_v} = 119\mathrm{K}$$

となる。このように，全流入過程において常に容器内の空気の温度は周囲空気より 119K 高いという結果が得られる。

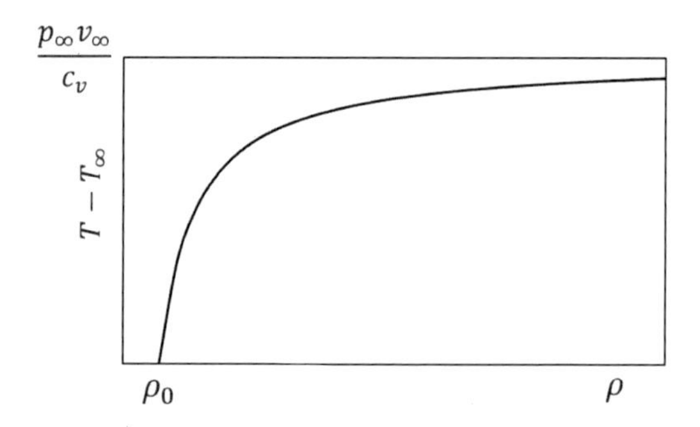

図 3.11　非定常流入容器内の温度変化

3.5　章末問題

問 3.1　状態 (500 ℃, 5MPa) の水蒸気が体積流量 $2\mathrm{m^3/s}$ で系に流入する。水蒸気の比体積 v

と質量流量 m_f および毎秒流入するエンタルピー $m_f h$ と流動仕事 $m_f pv$ を求めよ。

問 3.2 工業仕事を出力しない定常流動の流路において，非圧縮性である水が状態 (20 ℃, 1MPa) かつ流速 $\omega_1 = 1\mathrm{m/s}$ で流入し，状態 (20.1 ℃, 0.1MPa) かつ $\omega_2 = 20\mathrm{m/s}$ で流出する。水の比熱 $c = 4.2\mathrm{J/(g \cdot K)}$ 一定かつ比体積 $v = 1\mathrm{cm^3/g}$ 一定である。ポテンシャルエネルギーの変化は無視できるとして，比エンタルピーの増分 Δh，流入出する水の単位質量当たりの吸熱量 q_{12}，負の生成仕事 $(-w_{\mathrm{gn},12})$ を求めよ。なお、$\Delta u = c\Delta T$ である。

問 3.3 定常流動系において，水蒸気が状態 (100 ℃, 0.1MPa) で流入し圧力一定 ($\mathrm{d}p = 0$) を保って可逆的に昇温した後，600 ℃ で流出する。力学的エネルギーの変化は無視できるとして，流入出する水蒸気の単位質量当たりの膨張生成仕事 $w_{\mathrm{gn},12}$，吸熱量 q_{12}，工業仕事 W_f/m_f，平均の定圧比熱 c_p を求めよ。

問 3.4 タービンとノズルから構成される定常流動系において，水蒸気が状態 (300 ℃, 1MPa) かつ速度 10m/s で流入し断熱膨張した後，(100 ℃, 0.1MPa) かつ 340m/s で流出する。ポテンシャルエネルギーの変化は無視できるとして，流入出する水蒸気の単位質量当たりの膨張生成仕事 $w_{\mathrm{gn},12}$，力学的エネルギーの増分 Δe_{mch}，工業仕事 W_f/m_f を求めよ。

問 3.5 定常流動系において，水蒸気が状態 (300 ℃, 5MPa) で流入し比体積一定 ($\mathrm{d}v = 0$) を保って可逆的に吸熱した後，800 ℃ で流出する。力学的エネルギーの変化は無視できるとして，出口の圧力 p_2 と比内部エネルギー u_2 および比エンタルピー h_2，流入出する水蒸気の単位質量当たりの吸熱量 q_{12} と工業仕事 W_f/m_f を求めよ。

問 3.6 定常流動の圧縮機において，水蒸気が状態 (300 ℃, 5MPa) で流入し，可逆的にポリトロープ変化し状態 (500 ℃, 20MPa) で流出する。力学的エネルギーの変化は無視できるとして，ポリトロープ指数 n，流入出する水蒸気の単位質量当たりの膨張生成仕事 $w_{\mathrm{gn},12}$，吸熱量 q_{12}，工業仕事 W_f/m_f を求めよ。

問 3.7 図 3.12（左）のように，断熱された容器内の高圧の空気が周囲に流出する。容器内の空気の状態量は一様であり，流出する空気の状態量は容器内の空気の状態量に等しい。また，流出空気の運動エネルギーは十分小さい。検査「体積」に出入りするエネルギーを網羅した図 3.12（右）を参考にしてエネルギー収支式を立て，次の式をスキップすることなく導け。

$$\mathrm{d}u = pv\frac{\mathrm{d}m}{m} \tag{3.32}$$

さらに展開して，次の式を導け。

$$u_0 - u = \int_{v_0}^{v} p\mathrm{d}v \tag{3.33}$$

ここに，添え字 0：初期の状態である。（ヒント：流出空気の比エンタルピー $h = u + pv$ とおく。また，$\mathrm{d}u \times \mathrm{d}m$ の二次の微小項は無視できる。）

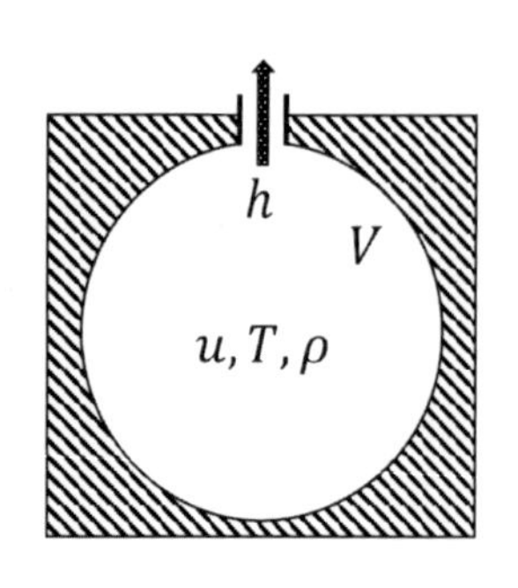

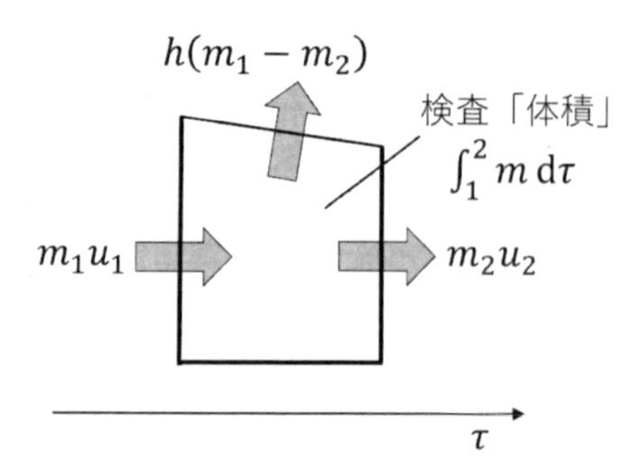

図 3.12　容器内の空気の非定常流出（左）と検査「体積」に出入りするエネルギー（右）

第4章

理想気体とエネルギー解析

理想気体は様々な状態変化を簡便な関数 $p(v)$ で表現できるので，それらの状態変化に対するエネルギー解析を比較的容易に行うことができる。解析結果は，簡便な数式の形で得られるので，それぞれの状態変化の特性の理解を容易にするとともに，理想気体に限らず，気体一般における特性を知る上でも重要である。本章では，これらの解析に必要な以下の内容を，解説や式の展開を通して学ぶ。

- 理想気体の特性とそれを表す数式
- 比内部エネルギー増分および比エンタルピー増分と比熱
- 代表的な五つの状態変化とそれを表す関数 $p(v)$ および $p-v$ 線図
- 状態変化に伴う生成仕事と吸熱量
- 理想混合気体

4.1　理想気体の特性と比熱

4.1.1 状態式

基本的な状態量である温度 T，圧力 p，比体積 v の関係式を**状態式**という。

$$f(T, p, v) = 0$$

理想気体の第一の特徴は，状態式が次の簡単な式で表されることである。

$$pv = RT \tag{4.1}$$

ここに，$R = R_0/M$：気体定数，M：モル質量である。

一方，**実在気体**の状態式は，より複雑な関数で表される。いくつかの式が提案されているが，比較的簡便で広く利用される式として，次のファン・デル・ワールスの状態式がある。

$$\left(p + \frac{a}{v^2}\right)(v - b) = RT \tag{4.2}$$

ここに，a, b, R は定数であり，気体の種類によって異なる値をとる。

4.1.2 内部エネルギーとエンタルピーの増分

比内部エネルギー u，比エンタルピー h の全微分の式，比熱 c_v と c_p の定義式 (3.5) と (3.6) より，

$$\mathrm{d}u = c_v \mathrm{d}T + \left(\frac{\partial u}{\partial v}\right)_T \mathrm{d}v \tag{4.3}$$

$$\mathrm{d}h = c_p \mathrm{d}T + \left(\frac{\partial h}{\partial p}\right)_T \mathrm{d}p \tag{4.4}$$

である。理想気体の第二の特徴は，上の二式 (4.3) と (4.4) の右辺第二項が無視でき，かつ c_v と c_p は一定であることである。よって，

$$\mathrm{d}u = c_v \mathrm{d}T \tag{3.9}$$

$$\mathrm{d}h = c_p \mathrm{d}T \tag{3.11}$$

$$\Delta u = u_2 - u_1 = c_v (T_2 - T_1) = c_v \Delta T \tag{4.5}$$

$$\Delta h = h_2 - h_1 = c_p (T_2 - T_1) = c_p \Delta T \tag{4.6}$$

である。理想気体においては，上式 (4.5) と (4.6) を用いて比内部エネルギーの増分 Δu と比エンタルピーの増分 Δh が容易に算出できる。

4.1.3 気体の比熱の温度および圧力依存性

温度および圧力による空気および水蒸気（H_2O）の定圧比熱 c_p の変化を，図 4.1 に示す。水蒸気（H_2O）の比熱は温度および圧力変化とともに大きく変化する。一方，空気の比熱は温度依存性および圧力依存性が小さい。

空気は混合気体であり，主要成分は酸素 O_2 と窒素 N_2 の二原子分子である。アルゴンやヘリウムなどの単原子分子の気体と二原子分子の気体およびそれらの混合気体は，多少の誤差を許せば，理想気体として扱うことができる。

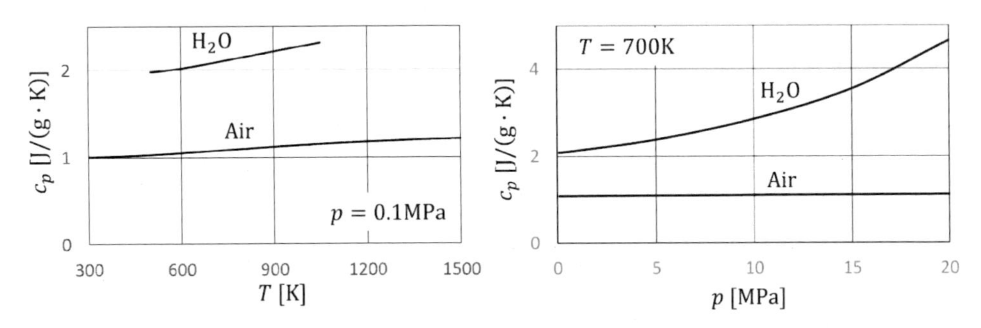

図 4.1　温度（左）と圧力（右）の変化に伴う空気と水蒸気の比熱の変化

4.1.4 理想気体の比熱の関係式

比エンタルピー h の定義は，

$$h = u + pv \tag{3.2}$$

である。状態式 (4.1) を代入すると，

$$h = u + RT \tag{4.7}$$

であり，その微分形は，

$$\mathrm{d}h = \mathrm{d}u + R\mathrm{d}T \tag{4.8}$$

である。上式 (4.8) に式 (3.9) と (3.11) を代入すると，

$$c_p\mathrm{d}T = c_v\mathrm{d}T + R\mathrm{d}T = (c_v + R)\mathrm{d}T$$

$$c_p = c_v + R \tag{4.9}$$

となり，理想気体の定圧比熱 c_p と定積比熱 c_v の差は気体定数 R に等しい。上式 (4.9) を**マイヤーの式**という。

比熱比 κ を次式で定義する。

$$\kappa = \frac{c_p}{c_v} \tag{4.10}$$

上式 (4.10) とマイヤーの式 (4.9) より，

$$c_v = \frac{R}{\kappa - 1} \tag{4.11}$$

$$c_p = \kappa c_v = \frac{\kappa R}{\kappa - 1} \tag{4.12}$$

である。上式 (4.11) と (4.12) を用いれば，気体の気体定数 R と比熱比 κ から比熱 c_v と c_p を算出することができる。各種気体の気体定数 R と比熱比 κ を付録 B の表に記載する。

4.2　理想気体の可逆変化のエネルギー解析

4.2.1 エネルギー解析に用いる式

理想気体の可逆変化の解析においては，以下の式を用いる。いずれも単位質量当たりについての式である。

①変化過程を表す関数

$pv = C$（一定）など

②理想気体の状態式 (4.1)

③膨張生成仕事の式 (2.12) とエネルギー保存の一般式 (2.3)

$$w_{\mathrm{gn},12} = \int_1^2 p\mathrm{d}v \tag{2.12}$$

$$\Delta u = q_{12} - w_{\mathrm{gn},12} \tag{2.3}$$

あるいは，可逆変化のエネルギー保存の式 (2.15) またはその微分形の式 (2.16)

$$\Delta u = q_{12} - \int_1^2 p\mathrm{d}v \tag{2.15}$$

$$\mathrm{d}u = \delta q - p\mathrm{d}v \tag{2.16}$$

なお，本節で新たに用いる記号と用語は，以下の通りである。

$v\uparrow$：膨張，$\mathrm{d}v = 0$：定積，$v\downarrow$：収縮

$p\uparrow$：昇圧，$\mathrm{d}p = 0$：定圧，$p\downarrow$：降圧

$T\uparrow$：昇温，$\mathrm{d}T = 0$：定温，$T\downarrow$：降温

$\delta q > 0$：吸熱，$\delta q = 0$：断熱，$\delta q < 0$：放熱

4.2.2 代表的な状態変化

代表的な五つの状態変化を T, p, v の関数で表すと，以下の通りである。

①定積変化 $v = C$（一定）($\mathrm{d}v = 0$)

②定圧変化 $p = C$（一定）($\mathrm{d}p = 0$)

③定温変化 $T = C$（一定）($\mathrm{d}T = 0$)，$pv = C$（一定）

④断熱変化 ($\delta q = 0$)，$pv^\kappa = C$（一定）

⑤ポリトロープ変化 $pv^n = C$（一定）

①～④の状態変化の $p-v$ 線図を図 4.2 に示す。定積変化 ($\mathrm{d}v = 0$) は垂直な直線，定圧変化 ($\mathrm{d}p = 0$) は水平な直線，定温変化 ($\mathrm{d}T = 0$) と断熱変化 ($\delta q = 0$) は右下がりの曲線である。

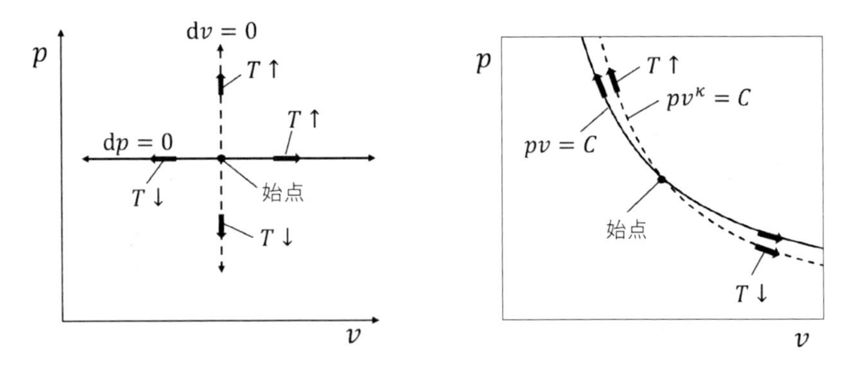

図 4.2　状態変化の $p-v$ 線：定圧変化と定積変化（左）および定温変化と断熱変化（右）

五つの状態変化の式は，理想気体の状態式 (4.1) を用いて以下のように展開できる。

定積変化 (dv = 0),

$$v = C\ (一定)$$
$$\frac{T}{p} = \frac{T_1}{p_1} = \frac{T_2}{p_2} = C\ (一定) \tag{4.13}$$

定圧変化 (dp = 0),

$$p = C\ (一定),$$
$$\frac{T}{v} = \frac{T_1}{v_1} = \frac{T_2}{v_2} = C\ (一定) \tag{4.14}$$

定温変化 (dT = 0),

$$T = C\ (一定)$$
$$pv = p_1v_1 = p_2v_2 = C\ (一定) \tag{4.15}$$

断熱変化 ($\delta q = 0$),

付録 C.1 に示す式の展開により次式が得られる。

$$p_1v_1^\kappa = p_2v_2^\kappa = pv^\kappa = C\ (一定) \tag{4.16}$$
$$T_1v_1^{\kappa-1} = T_2v_2^{\kappa-1} = Tv^{\kappa-1} = C\ (一定) \tag{4.17}$$
$$\frac{T_1}{p_1^{(\kappa-1)/\kappa}} = \frac{T_2}{p_2^{(\kappa-1)/\kappa}} = \frac{T}{p^{(\kappa-1)/\kappa}} = C\ (一定) \tag{4.18}$$

ここに，κ：比熱比であり，κ=1.1～1.7($\kappa > 1$) の範囲で気体により異なる値をとる（付録 B)。

ポリトロープ変化

ポリトロープ変化の式 (2.23) のベキ関数を再掲すると，

$$pv^n = p_1 v_1^n = p_2 v_2^n = C \text{（一定）} \tag{2.23}$$

である。上式 (2.23) と状態式 (4.1) より，

$$Tv^{n-1} = T_1 v_1^n = T_2 v_2^n = C \text{（一定）} \tag{4.19}$$

$$\frac{T}{p^{(n-1)/n}} = \frac{T_1}{p_1^{(n-1)/n}} = \frac{T_2}{p_2^{(n-1)/n}} = C \text{（一定）} \tag{4.20}$$

となる。上式 (4.20) を展開すると，

$$\frac{1}{n} = 1 - \frac{\ln(T_2/T_1)}{\ln(p_2/p_1)} \tag{4.21}$$

である。指数 n の大小により，ポリトロープ変化の $p-v$ 線図は図 2.14（再掲）のように異なる。

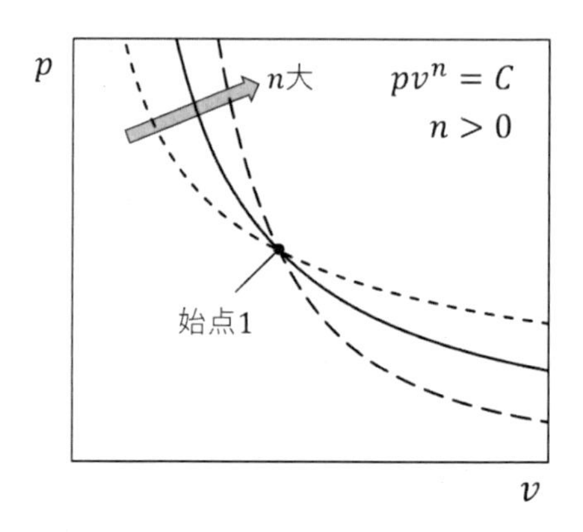

図 2.14　異なる指数 n の値のポリトロープ変化の $p-v$ 線図（再掲）

上述の①～④の変化過程はポリトロープ変化に属し，ベキ関数で表現することができる。それぞれの変化に対応する指数を付録 C.3 の表に示す。また，定積変化 ($dv = 0$) に対応する指数 $n = \infty$ を用いて $v =$（一定）を導出する過程を付録 C.2 に示す。

4.2.3 昇温 $T\uparrow$ か降温 $T\downarrow$ かの判別法

昇温変化 $T\uparrow$ か降温変化 $T\downarrow$ かは，$p-v$ 線図から容易に判別できる（図 4.3）。縦軸 $p-$ 横軸 v の座標系において，対象とする $p-v$ 線図（対象線図）の始点を通る $pv =$ 一定 の曲線を基準とし，対象線図の終点が基準曲線の右上の領域に終点があるときは昇温変化 $T\uparrow$ であり，左下の領域にあるときは降温変化 $T\downarrow$ である。その根拠は，次の通り。

終点が右上の領域にあるということは，以下を意味する。

$$p_2 v_2 > p_1 v_1$$

ここに，添え字 1：始点，添え字 2：終点である。状態式 (4.1) より，上の不等式は次式に帰着する。

$$T_2 > T_1$$

よって，終点が右上の領域にある場合は昇温 $T\uparrow$ ということになる。

これを適用すると，以下のようにまとめられる。

① $\mathrm{d}v=0$ の昇圧 $p\uparrow$ 変化は昇温 $T\uparrow$，降圧 $p\downarrow$ 変化は降温 $T\downarrow$

② $\mathrm{d}p=0$ の膨張 $v\uparrow$ 変化は昇温 $T\uparrow$，収縮 $v\downarrow$ 変化は降温 $T\downarrow$

③ $n<1$ の $pv^n=C$ の膨張 $v\uparrow$ 変化は昇温 $T\uparrow$，収縮 $v\downarrow$ 変化は降温 $T\downarrow$

④ $1<n$ の $pv^n=C$（一定）の膨張 $v\uparrow$ 変化は降温 $T\downarrow$，収縮 $v\downarrow$ 変化は昇温 $T\uparrow$

なお，断熱変化は $n=\kappa>1$ であり，上の④に該当する。

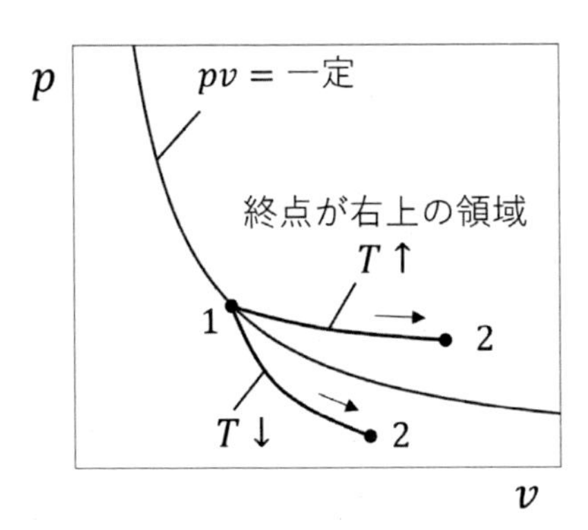

図 4.3　状態変化の昇温・降温の判別法

4.3 可逆変化に伴う生成仕事と吸熱量

4.3.1 状態変化に伴う生成仕事

前節においてそれぞれの状態変化の関数が決まったので，本項ではそれらの関数と式 (2.12) より膨張生成仕事 $w_{\mathrm{gn},12}$ を求める。

①定積変化 ($\mathrm{d}v=0$),

$\mathrm{d}v=0$ より，次式が得られる。

$$w_{\mathrm{gn},12}=\int_1^2 p\,\mathrm{d}v=0 \tag{4.22}$$

②定圧変化 ($\mathrm{d}p=0$),

$\mathrm{d}p=0$（p 一定）と状態式 (4.1) より，次式が得られる。

$$w_{\mathrm{gn},12}=\int_1^2 p\,\mathrm{d}v=p\int_1^2 \mathrm{d}v=p\,(v_2-v_1)=RT_2-RT_1=R\Delta T \tag{4.23}$$

③定温変化 ($\mathrm{d}T=0$),

状態式 (4.1) を用いると，次式が得られる。

$$w_{\mathrm{gn},12}=\int_1^2 p\,\mathrm{d}v=RT\int_1^2 \frac{\mathrm{d}v}{v}=RT\ln\frac{v_2}{v_1}=-RT\ln\frac{p_2}{p_1} \tag{4.24}$$

④断熱変化 $(\delta q = 0)$,

エネルギー保存の一般式 (2.3) と式 (4.5)，式 (4.11) より，次式が得られる。

$$\Delta u = q_{12} - w_{\mathrm{gn},12} = -w_{\mathrm{gn},12}$$

$$w_{\mathrm{gn},12} = -\Delta u = -c_v \Delta T = -\frac{R}{\kappa - 1}\Delta T \tag{4.25}$$

⑤ポリトロープ変化,

式 (2.25) と状態式 (4.1) より，次式が得られる。

$$w_{\mathrm{gn},12} = -\frac{1}{n-1}(p_2 v_2 - p_1 v_1) = -\frac{R}{n-1}(T_2 - T_1) = -\frac{R}{n-1}\Delta T \tag{4.26}$$

なお，断熱変化の $w_{gn,12}$ の式 (4.25) において $\kappa \to n$ と置き換えると，ポリトロープ変化の式 (4.26) が得られる。

4.3.2 状態変化に伴う吸熱量 q_{12}

次に，五つの可逆変化における単位質量当たりの系の吸熱量 q_{12} を導く。エネルギー保存の一般式 (2.3) と式 (4.5) より，

$$q_{12} = \Delta u + w_{\mathrm{gn},12} = c_v \Delta T + w_{\mathrm{gn},12} \tag{4.27}$$

である。上式 (4.27) に前節で求めた $w_{gn,12}$ の式を代入すると，変化過程における系の吸熱量 q_{12} を求めることができる。

①定積変化

式 (4.27) に式 (4.22) を代入すると，次式を得る。

$$q_{12} = c_v \Delta T \tag{4.28}$$

②定圧変化

式 (4.27) に式 (4.23) を代入すると，次式を得る。

$$q_{12} = R\Delta T + c_v \Delta T = c_p \Delta T \tag{4.29}$$

③定温変化

式 (4.27) に式 (4.24) を代入すると，次式を得る。

$$q_{12} = w_{gn,12} = RT \ln\frac{v_2}{v_1} = -RT \ln\frac{p_2}{p_1} \tag{4.30}$$

④断熱変化

断熱なので，次式が成り立つ。

$$q_{12} = 0 \tag{4.31}$$

⑤理想気体のポリトロープ変化（比熱一定の状態変化）

式 (4.27) に式 (4.11) と式 (4.26) を代入すると，次式を得る。

$$q_{12} = c_v \Delta T + w_{gn,12} = \left(\frac{1}{\kappa - 1} - \frac{1}{n-1}\right) R\Delta T = \frac{(n-\kappa)R}{(\kappa-1)(n-1)}\Delta T \tag{4.32}$$

$$c_n = \frac{(n-\kappa)R}{(\kappa-1)(n-1)} \tag{4.33}$$

$$q_{12} = c_n \Delta T = c_n (T_2 - T_1) \tag{4.34}$$

変化過程を通して比熱 c_n 一定の状態変化を**比熱一定の状態変化**と言い，その吸熱量は上式(4.34) で与えられる。上記の式の展開によれば，**理想気体においてはポリトロープ変化と比熱一定の変化は同じ変化である。**①〜④の変化はいずれも比熱一定の変化であり，ポリトロープ変化として統一的に表現できる。それぞれの比熱 c_n を付録 C.3 の表に示す。ただし定温変化 ($\mathrm{d}T = 0$) においては，比熱 $c_n = \infty$ から q_{12} を計算することはできない。

4.3.3 吸熱 $q_{12} > 0$ か放熱 $q_{12} < 0$ かの判別法

4.2.3 項に示した昇温・降温変化の判別と同様に，$p - v$ 線図から吸熱 $q_{12} > 0$ か，あるいは放熱 $q_{12} < 0$ かを容易に判別することができる（図 4.4）。対象とする変化の $p - v$ 線図（対象線図）の始点を通る $pv^{\kappa} =$ 一定 の曲線を基準とし，基準曲線の右上の領域に対象線図の終点がある場合は吸熱 $q_{12} > 0$ であり，左下の領域にある場合は放熱 $q_{12} < 0$ である。証明は省略する。

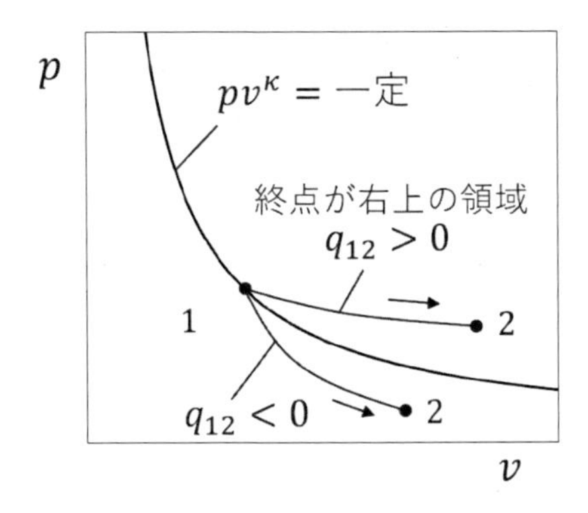

図 4.4　状態変化の吸熱・放熱の判別法

4.3.4 定常流動系の吸熱量と工業仕事

定常流動系において，流体が系の入口から出口まで①〜⑤の五つの状態変化をする場合，4.3.2 項で導いた五つの吸熱量 q_{12} の式は，定常流動系に流入出する流体の単位質量当たりの吸熱量 q_{12} に対しても成り立つ。

万能エネルギーが機械的仕事に限定される定常流動系のエネルギー収支式 (3.16) を以下に再掲する。

$$\Delta h + \Delta e_{\mathrm{mch}} = q_{12} - \frac{W_f}{m_f} \tag{3.16}$$

上式 (3.16) は理想気体が流入・流出する定常流動系においても成り立つ。上式 (3.16) とエネルギー保存の一般式 (2.3) およびエンタルピーの定義式 (3.2) より，次の万能エネルギーの収支式が得られる。

$$\frac{W_f}{m_f} = w_{\mathrm{gn},12} - (p_2 v_2 - p_1 v_1) - \Delta e_{\mathrm{mch}}$$

理想気体の状態式 (4.1) より，

$$p_1 v_1 - p_2 v_2 = R\,(T_1 - T_2) = -R\Delta T$$

である。よって，

$$\frac{W_f}{m_f} = w_{\mathrm{gn},12} - R\Delta T - \Delta e_{\mathrm{mch}} \tag{4.35}$$

となる。前述の五つの変化過程の生成仕事 $w_{\mathrm{gn},12}$ の式を上式に代入すれば，定常流動系の出力仕事（工業仕事）W_f/m_f が求められる。

4.4　混合気体

4.4.1 気体の物質量とモル質量

物質の量は，質量 m[g] またはモル数 n[mol] で示される。モル数は分子（または原子）の数を示し，アボガドロ数 6.0×10^{23} 個を単位とする。すなわち，

$1\ \mathrm{mol} = 6.0 \times 10^{23}$ 個

である。

物質 1mol 当たりの質量をモル質量 M[g/mol] といい，その定義は，

$$M = \frac{m}{n} \tag{4.36}$$

である。種々の気体のモル質量 M を付録 B の表に記載する。混合気体を解析する際には，物質量としてモル数 n を用いる場合が多い。

4.4.2 理想気体の比熱

比熱は，物質量の単位に対応して使い分ける。単位に質量 m[g] を採用する場合は質量比熱 c を用い，モル数 n[mol] を採用する場合はモル比熱 ϵ を用いる。両者の関係は，モル質量 M[g/mol] を介して，

$$c_v = \frac{\epsilon_v}{M} \tag{4.37}$$

$$c_p = \frac{\epsilon_p}{M} \tag{4.38}$$

である。

理想気体の比熱に関して，次の関係が成り立つ。

$$\kappa = \frac{\epsilon_p}{\epsilon_v} = \frac{c_p}{c_v} \tag{4.39}$$

$$\epsilon_v = \frac{R_0}{\kappa - 1} = M c_v \tag{4.40}$$

$$\epsilon_p = \frac{\kappa R_0}{\kappa - 1} = M c_p \tag{4.41}$$

$$\Delta U = n\epsilon_v \Delta T = mc_v \Delta T \tag{4.42}$$

$$\Delta H = n\epsilon_p \Delta T = mc_p \Delta T \tag{4.43}$$

4.4.3 混合気体の成分割合

混合気体（図 4.5）の成分割合は，全モル数に対するそれぞれの成分のモル数の割合で示される。その割合を**モル分率**という。

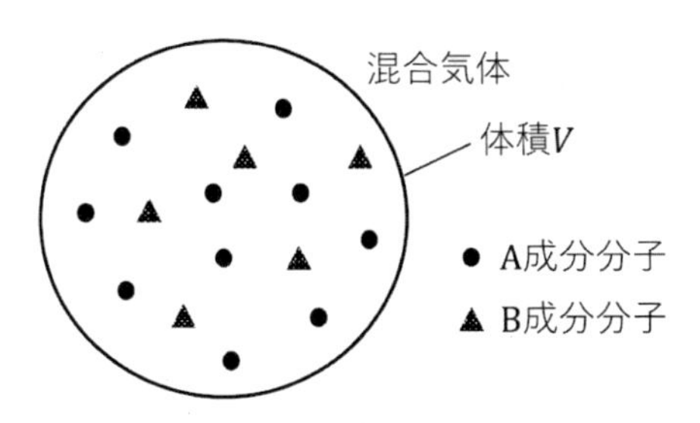

図 4.5　二成分の混合気体

混合気体中の成分 A のモル分率 x_A の定義は，

$$x_A = \frac{n_A}{n} \tag{4.44}$$

である。混合気体中の各成分のモル数を n_i とすると，混合気体の全モル数 n は，

$$n = \sum n_i \tag{4.45}$$

である。ここに，$\sum$ は各成分の総和を表す。なお，分率（割合）の総和は 1 である。

$$\sum x_i = 1 \tag{4.46}$$

4.4.4 理想混合気体の分圧 p_A

成分 A と B から成る理想混合気体を考える。圧力とは分子が壁を叩く単位面積当たりの力（図 1.3）なので，A 成分の分子が壁を叩く力は分圧 p_A であり，B 成分の分子が壁を叩く力は分圧 p_B である。両者の和が全圧 p なので，

$$p = p_A + p_B$$

である。多成分の混合気体では，

$$p = p_A + p_B + \cdots = \sum p_i \tag{4.47}$$

である。ここに，p_i：i 成分の分圧である。上の関係を**ダルトンの法則**という。

4.4.5 理想混合気体のモル分率 x_A

個々の成分に対して理想気体の状態式が成り立つ気体を，理想混合気体とよぶ。二成分の混合

気体の場合は,

$$p_A V = n_A R_0 T \tag{4.48}$$

$$p_B V = n_B R_0 T \tag{4.49}$$

である。混合気体では，いずれの成分に対しても温度 T と体積 V は共通である。上式 (4.48) と式 (4.49) の和は,

$$(p_A + p_B)V = (n_A + n_B)R_0 T$$

である。式 (4.45) と式 (4.47) より,

$$pV = nR_0 T \tag{4.50}$$

となって，混合気体全体に対しても状態式が成り立つ。

成分 A の状態式を全体の状態式で除すと,

$$\frac{p_A}{p} = \frac{n_A}{n} = x_A \tag{4.51}$$

となり，モル分率 x_A は分圧 p_A と全圧 p の比に等しい。全圧 p および分圧 p_A は測定または計算が可能であり，上式 (4.51) よりモル分率 x_A が算出できる。

4.4.6 理想混合気体のモル質量 M

理想混合気体 1mol 中における各成分の質量は，$x_i M_i$ である。モル質量 M は混合気体 1mol 当たりの質量であり，混合気体 1mol 中の各成分の質量の総和なので,

$$M = \sum (x_i M_i) \tag{4.52}$$

である。上式 (4.52) のようにモル分率との積の総和をとって得られる平均値を，**モル平均**という。

4.4.7 理想混合気体の比熱

理想混合気体のモル比熱は，次の通り各成分のモル比熱のモル平均により求められる。

$$\epsilon_v = \sum (x_i \epsilon_{v,i}) \tag{4.53}$$

$$\epsilon_p = \sum (x_i \epsilon_{p,i}) \tag{4.54}$$

また，質量比熱は次の通り混合気体のモル質量 M とモル比熱より求められる。

$$c_v = \frac{\epsilon_v}{M} \tag{4.37}$$

$$c_p = \frac{\epsilon_p}{M} \tag{4.38}$$

なお，各成分の質量比熱をモル平均して混合気体の質量比熱を求めてはいけない。

4.5 章末問題

空気を理想気体として，以下の問に答えよ。

問 4.1 付録 B の表中のモル質量 M と比熱比 κ の値を用いて，空気の気体定数 R，定積比熱 c_v，定圧比熱 c_p，定積モル比熱 ϵ_v，定圧モル比熱 ϵ_p を求めよ。

また，シリンダー・ピストン内において，空気が状態 (300K, 0.1MPa) かつ体積 2000cm^3 から (600K, 5MPa) に昇温・昇圧する。空気の質量 m とモル数 n，変化後の体積 V_2，比内部エネルギーの増分 Δu と比エンタルピーの増分 Δh を求めよ。

問 4.2 理想気体において，**(1)** 共通の (v_1, p_1) を始点とする以下の (a)〜(e) の可逆変化の $p-v$ 線図を同一のグラフ上に描き，**(2)** (d) における気体の単位質量当たりの膨張仕事 $w_{\mathrm{gn},12}$ の面積を斜線等で示せ。次に，**(3)** (a)〜(e) を膨張仕事 $w_{\mathrm{gn},12}$ の小さい順に並べよ。また，**(4)** (a)〜(e) のうち，昇温過程と吸熱過程はそれぞれどれか。

(a) $p_2 = 0.5p_1$ までの定積変化
(b) $v_2 = 2v_1$ までの定圧変化
(c) $v_2 = 2v_1$ までの定温変化
(d) $v_2 = 2v_1$ までの断熱変化（比熱比 $\kappa > 1$）
(e) $v_2 = 2v_1$ までのポリトロープ変化（ポリトロープ指数 $0 < n < 1$）

問 4.3 シリンダー・ピストン内において，空気が圧力 $p = 0.1$MPa 一定 ($\mathrm{d}p = 0$) を保って 100 ℃ から 600 ℃ に可逆的に昇温する。力学的エネルギーの変化は無視できるとして，空気の単位質量当たりの膨張生成仕事 $w_{\mathrm{gn},12}$，吸熱量 q_{12}，ピストンに授与する仕事 $W_{\mathrm{tr},12}/m$ を求めよ。

問 4.4 定常流動系において，空気が状態 (300 ℃, 5MPa) で流入し，可逆的に定積変化 ($\mathrm{d}v = 0$) した後，800 ℃ で流出する。力学的エネルギーの変化は無視できるとして，出口の圧力 p_2 および，流入出する空気の単位質量当たりの生成仕事 $w_{\mathrm{gn},12}$，吸熱量 q_{12} と工業仕事 W_f/m_f を求めよ。

問 4.5 シリンダー・ピストン内において，空気が温度 $t = 100$ ℃ 一定 ($\mathrm{d}t = 0$) を保って圧力 5MPa から 1MPa に可逆的に降圧する。力学的エネルギーの変化は無視できるとして，空気の単位質量当たりの膨張生成仕事 $w_{\mathrm{gn},12}$，吸熱量 q_{12}，ピストンに授与する仕事 $W_{\mathrm{tr},12}/m$ を求めよ。

問 4.6 定常流動の圧縮機において，空気が状態 (300 ℃, 5MPa) で流入し可逆的にポリトロープ変化した後，(500 ℃, 20MPa) で流出する。力学的エネルギーの変化は無視できるとして，ポリトロープ指数 n，流入出する空気の単位質量当たりの膨張生成仕事 $w_{\mathrm{gn},12}$，吸熱量 q_{12}，工業仕事 W_f/m_f を求めよ。

問 4.7　定常流動のノズルにおいて，空気が状態 (400 ℃, 1MPa) かつ速度 $\omega_1 = 10\mathrm{m/s}$ で流入し断熱膨張した後，(360 ℃, 0.7MPa) で流出する。ポテンシャルエネルギーの変化は無視できるとして，流出する空気の速度 ω_2'，流入出する空気の単位質量当たりの膨張生成仕事 $w'_{\mathrm{gn},12}$ を求めよ。

また，同ノズルにおいて，空気が同じ状態かつ速度で流入し可逆的に断熱膨張した後，圧力 0.7MPa で流出する。ポテンシャルエネルギーの変化は無視できるとして，流出空気の温度 t_2 と速度 ω_2，流入出する空気の単位質量当たりの膨張生成仕事 $w_{\mathrm{gn},12}$ を求めよ。

問 4.8　窒素（A）と水素（B）の理想混合気体において，600K, 0.7m^3，全圧 100kPa，窒素の分圧 20kPa である。混合気体のモル数 n，混合気体のモル質量 M と定圧モル比熱 ϵ_p，その混合気体が 10K 昇温したときのエンタルピーの増分 $m\Delta h$ を求めよ。

第5章

エントロピーと エネルギー解析

本章から，新しい状態量である比エントロピー s を導入し，それを援用したエネルギー解析を学ぶ。比エントロピー s には，次の三つの機能がある。

①物質の状態変化を絶対温度 T と比エントロピー s の関数 $T(s)$ で記述し，$T-s$ 線図により視覚化するとともに，関数 $T(s)$ を積分して吸熱量 q_{12} を求める。

②物質の状態と周囲の状態の差を利用して生み出し得る最大の万能エネルギー（＝最大仕事）量，および化学反応が生み出し得る最大仕事量を決める。

③不可逆変化における最大仕事の損失量を決める。

本章では，上記の第一の機能について，また第一の機能を援用したエネルギー解析について解説と解析例を通して学ぶ。その内容は以下のようにまとめられる。

・上記の第一の機能について

・実在気体における，様々な比熱一定の状態変化に対するエネルギー解析

・理想気体における，様々な比熱一定の状態変化に対するエネルギー解析

5.1　エントロピーの導入

5.1.1 非圧縮性物質のエントロピー

前章までの解析法においては，吸熱量 q_{12} はエネルギー保存の一般式またはエネルギー収支式を介して計算されたが，本章では吸熱量を直接計算することを可能にする新しい状態量，**比エントロピー** s を導入する。

まず，非圧縮性の物質のエントロピーについて考える。非圧縮性の物質では膨張生成仕事 $p\mathrm{d}v = 0$ であるので，それを可逆変化のエネルギー保存の式 (2.16) に代入すると，

$$\mathrm{d}u = \delta q \tag{5.1}$$

となる。

物質内において温度一様（温度差なし）で全体に熱が伝わる可逆伝熱を仮定すると，比エントロピー s は次式で定義される。

$$\mathrm{d}v = 0 \text{ において，} \mathrm{d}s = \frac{\delta q}{T} = \frac{\mathrm{d}u}{T} \tag{5.2}$$

上式を偏微分で表すと，

$$T = \left(\frac{\partial u}{\partial s}\right)_v \tag{5.3}$$

となる。

5.1.2 圧縮性物質のエントロピー

次に，圧縮性（$\mathrm{d}v \neq 0$）の物質に拡張してエントロピーを定義する。一つの状態量は他の任意の二つの状態量の関数であるので，比内部エネルギー u は，

$$u = u(s, v)$$

と表され，その全微分の式は，

$$\mathrm{d}u = \left(\frac{\partial u}{\partial s}\right)_v \mathrm{d}s + \left(\frac{\partial u}{\partial v}\right)_s \mathrm{d}v \tag{5.4}$$

である。式 (5.3) を上式 (5.4) に代入すると，

$$\mathrm{d}u = T\mathrm{d}s + \left(\frac{\partial u}{\partial v}\right)_s \mathrm{d}v \tag{5.5}$$

である。ここで，可逆変化のエネルギー保存の式 (2.16) を再掲する。

$$\mathrm{d}u = \delta q - p\mathrm{d}v \tag{2.16}$$

式 (2.16) と式 (5.5) の右辺第 1 項と第 2 項のそれぞれの比較より，

$$\delta q = T\mathrm{d}s \tag{5.6}$$

$$\left(\frac{\partial u}{\partial v}\right)_s = -p \tag{5.7}$$

を得る。式 (5.6) を変形すると，

$$\mathrm{d}s = \frac{\delta q}{T} \tag{5.8}$$

である。上式 (5.8) は一般的な比エントロピーの定義式であり，比エントロピーの増分は可逆過程における吸熱量に比例し，吸熱温度（絶対温度）T に反比例することを示す。このエントロピーの定義式 (5.8) の積分形は，

$$q_{12} = \int_1^2 T\mathrm{d}s \tag{5.9}$$

であり，吸熱温度 T を状態量 s で積分することにより，可逆過程における吸熱量 q_{12} を求めることができる。なお，種々の物質の比エントロピー s の値は，文献 [3] などから入手できる。付録 D の表に，水蒸気の比エントロピー s の値を記載する。比エントロピー s の単位は，比熱 c および気体定数 R の単位と同じ J/(g · K) である。

質量 m の物質のエントロピー S は，比エントロピー s を物質全体にわたって質量 m で積分することにより得られ，次式で表される。

$$S = \int_m s\mathrm{d}m \tag{5.10}$$

5.1.3 $T-s$ 線図と熱量 q_{12} の視覚化

前章までは，系（物質）の状態変化を関数 $p = p(v)$ で表現し，$p-v$ 線図で視覚化した（図 5.1（左））。エントロピー s は状態量であるので，状態変化は温度と比エントロピーの関数 $T = T(s)$ でも表現することができる。関数 $T = T(s)$ は，縦軸 T－横軸 s の座標系において一つの曲線（以下，$T-s$ 線図）によって視覚化される（図 5.1（右））。その状態変化が可逆であれば，気体に出入りする熱量 q_{12} は関数 $T(s)$ の積分値であり，図 5.1（右）のグレーの部分の面積として視覚化される。

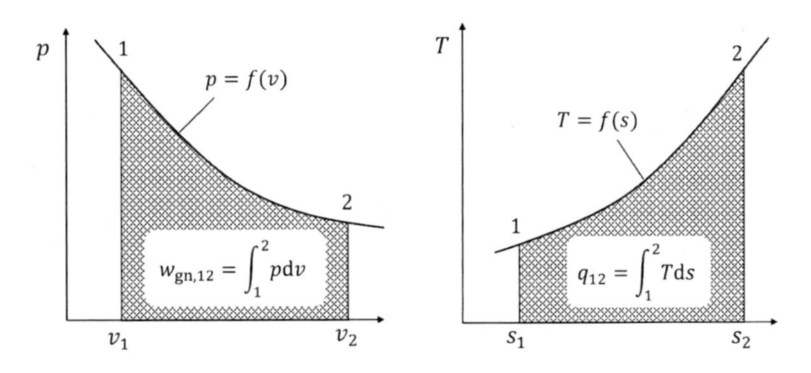

図 5.1　状態変化の $p-v$ 線図と膨張生成仕事（左）および $T-s$ 線図と吸熱量（右）

状態変化において，比エントロピー s が増加（図 5.1（右）の $T-s$ 線図上を状態 1 からに 2 に

変化）する場合は系（物質）は吸熱 ($q_{12} > 0$) し，その面積は吸熱量 q_{12} に等しい。一方，逆に s が減少（図 5.1（右）の $T - s$ 線図上を状態 2 からに 1 に変化）する場合は系は放熱 ($q_{21} < 0$) し，その面積は放熱量 $-q_{21} = |q_{21}|$ に等しい。

5.1.4 ギブスの式

式 (5.6) を可逆変化のエネルギー保存の式 (2.16) に代入すると，

$$T\mathrm{d}s = \mathrm{d}u + p\mathrm{d}v \tag{5.11}$$

となる。また，エンタルピーの定義式 (3.2) の微分形は，

$$\mathrm{d}h = \mathrm{d}u + \mathrm{d}(pv) = \mathrm{d}u + p\mathrm{d}v + v\mathrm{d}p \tag{5.12}$$

である。上式 (5.11) と式 (5.12) より，

$$\begin{aligned} T\mathrm{d}s &= \mathrm{d}u + p\mathrm{d}v \\ &= \mathrm{d}h - v\mathrm{d}p - p\mathrm{d}v + p\mathrm{d}v \end{aligned}$$

$$T\mathrm{d}s = \mathrm{d}h - v\mathrm{d}p \tag{5.13}$$

となる。式 (5.11) と式 (5.13) の両式は**ギブスの式**と呼ばれる。

5.2　実在気体とエントロピー

本節では，エントロピーを援用して実在気体の可逆変化を解析する手法を示す。

5.2.1 断熱変化 ($\mathrm{d}s = 0$)

可逆の断熱変化では，

$$T\mathrm{d}s = \delta q = 0$$

$$\mathrm{d}s = 0 \tag{5.14}$$

である。したがって，可逆断熱変化を $\mathrm{d}s = 0$ で表記する。図 5.2（左）のように可逆断熱変化の $T - s$ 線図は垂直な直線であり，熱量 q_{12} の面積はゼロである。

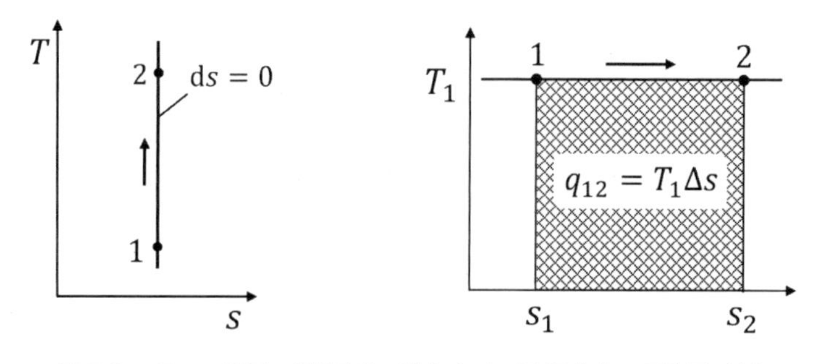

図 5.2　$T - s$ 線図：断熱変化（左）および定温変化と吸熱量（右）

解析例 5.1：断熱変化

水蒸気が状態 (800 ℃, 10MPa) で流入し，可逆的に断熱膨張 ($\mathrm{d}s = 0$) した後，0.1MPa で流出する定常流動のタービンについて考える。力学的エネルギーの変化は無視できるとする。

付録 D の水蒸気表より，(800 ℃, 10MPa) における状態量は，

$$s_1 = 7.409\mathrm{J/(g \cdot K)},\ u_1 = 3629\mathrm{J/g},\ h_1 = 4115\mathrm{J/g}$$

である。また，$\mathrm{d}s = 0$ と式 (5.9) より，

$$q_{12} = \int_1^2 T\mathrm{d}s = 0$$
$$s_2 = s_1 = 7.409\mathrm{J/(g \cdot K)}$$

である。付録 D の水蒸気表中の 0.1MPa の列において，$s_2 = 7.409\mathrm{J/(g \cdot K)}$ を跨ぐ比エントロピーの値をとる状態量は，

$$t_* = 100\ ℃, s_* = 7.316\mathrm{J/(g \cdot K)},\ u_* = 2506\mathrm{J/g},\ h_* = 2676\mathrm{J/g}$$

$$t_{**} = 200\ ℃, s_{**} = 7.836\mathrm{J/(g \cdot K)},\ u_{**} = 2658\mathrm{J/g},\ h_{**} = 2875\mathrm{J/g}$$

である。内分の方法を用いると，

$$x = \frac{s_2 - s_*}{s_{**} - s_*} = 0.179$$
$$t_2 = t_* + x\,(t_{**} - t_*) = 117.9\ ℃$$
$$u_2 = u_* + x\,(u_{**} - u_*) = 2533\mathrm{J/g}$$
$$h_2 = h_* + x\,(h_{**} - h_*) = 2712\mathrm{J/g}$$

である。$q_{12} = 0$（断熱）とエネルギー保存の一般式 (2.3) より，

$$w_{\mathrm{gn},12} = q_{12} - (u_2 - u_1) = u_1 - u_2 = 1096\mathrm{J/g} \tag{5.15}$$

である。

タービンに出入りするエネルギー（流入出する水蒸気の単位質量当たりの量）を網羅したものを，図 5.3 に示す。そのエネルギー収支より，次の式と値が得られる。

$$\frac{W_f}{m_f} = q_{12} - (h_2 - h_1) = h_1 - h_2 = 1403\mathrm{J/g} \tag{5.16}$$

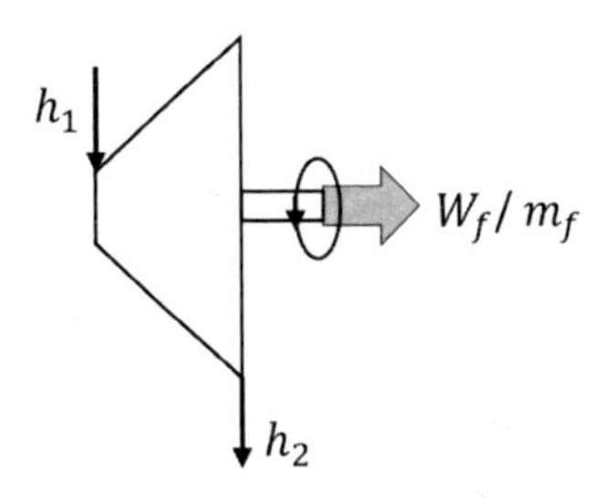

図 5.3　断熱されたタービンに出入りするエネルギー

5.2.2 定温変化（d$T = 0$）

物質が定温 (d$T = 0$) を保って吸熱する過程について考える。図 5.2（右）のように，定温変化の $T - s$ 線図は水平な直線である。式 (5.9) より吸熱量 q_{12} は，

$$q_{12} = \int_1^2 T\mathrm{d}s = T_1 \int_1^2 \mathrm{d}s = T_1 (s_2 - s_1) = T_1 \Delta s \tag{5.17}$$

であり，図 5.2（右）の長方形の面積 $T_1 \times (s_2 - s_1)$ に等しい。

解析例 5.2：定温変化

シリンダー・ピストン内の水蒸気が，状態 (800 ℃, 10MPa) から 0.1MPa まで可逆的に定温 (d$T = 0$) 膨張する過程について考える。なお，力学的エネルギーの変化は無視できるとする。

付録 D の水蒸気表より，(800 ℃, 10MPa) および (800 ℃, 0.1MPa) における状態量は，

$$s_1 = 7.409\mathrm{J/(g \cdot K)},\ u_1 = 3629\mathrm{J/g},\ h_1 = 4115\mathrm{J/g}$$

$$s_2 = 9.568\mathrm{J/(g \cdot K)},\ u_2 = 3665\mathrm{J/g},\ h_2 = 4160\mathrm{J/g}$$

である。定温 (d$T = 0$) 変化であるので，状態変化の式は，

$$T = T_1$$

である。式 (5.17) より，

$$q_{12} = \int_1^2 T\mathrm{d}s = T_1(s_2 - s_1) = 2317\mathrm{J/g}$$

となる。

シリンダー・ピストン内の水蒸気の検査「体積」に出入りするエネルギーを網羅したものを図 5.4 に示す。水蒸気に対するエネルギーの収支は，

$$u_2 - u_1 = q_{12} - \frac{W_{\mathrm{tr},12}}{m} \tag{5.18}$$

である。上式 (5.18) に数値を代入して整理すると，

$$\frac{W_{\mathrm{tr},12}}{m} = q_{12} - (u_2 - u_1) = 2281\mathrm{J/g}$$

となる。なお，この系においては，生成仕事 $w_{gn,12}$ は運搬仕事 $W_{tr,12}/m$ と等価である。

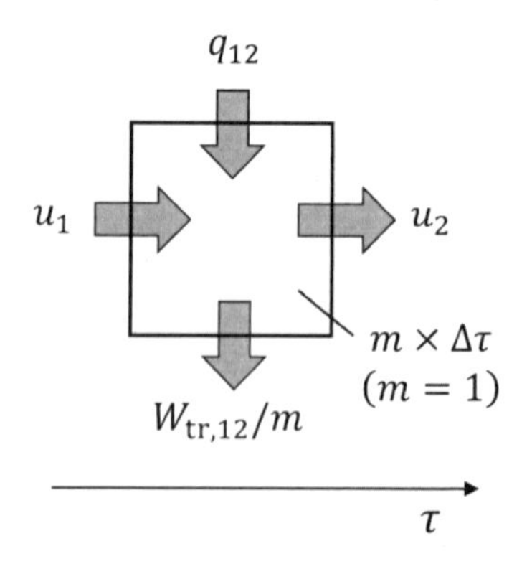

図 5.4　シリンダー・ピストン内の水蒸気の検査「体積」に出入りするエネルギー

5.2.3 $T-s$ 指数関数型の状態変化と比熱一定の状態変化

次の指数関数で表現される変化過程（$T-s$ 指数関数型の状態変化）について考える。

$$T = T_1 e^{(s-s_1)/a} = T_1 \exp\left(\frac{s-s_1}{a}\right) \tag{5.19}$$

ここに，a：定数である。上式 (5.19) は状態 2 の (T_2, s_2) においても成り立つので，

$$\frac{T_2}{T_1} = \exp\left(\frac{s_2-s_1}{a}\right) \tag{5.20}$$

となる。上式 (5.20)，式 (5.19)，式 (5.9) より，

$$q_{12} = \int_1^2 T\mathrm{d}s = T_1 \int_1^2 e^{(s-s_1)/a}\mathrm{d}s = aT_1\left[e^{(s_2-s_1)/a} - 1\right] = aT_1\left(\frac{T_2}{T_1} - 1\right) = a\left(T_2 - T_1\right)$$

となり，a は比熱 c_n に相当する。式 (5.20) より，

$$a = c_n = \frac{s_2 - s_1}{\ln(T_2/T_1)} \tag{5.21}$$

$$q_{12} = c_n\left(T_2 - T_1\right) \tag{4.34}$$

である。$a = c_n$ より，式 (5.19) は，

$$T = T_1 \exp\left(\frac{s-s_1}{c_n}\right) \tag{5.22}$$

である。以上のように，指数関数型の状態変化の式 (5.19) から比熱 c_n 一定の状態変化における吸熱量の式 (4.34) が導かれ，比熱一定の状態変化は指数関数 $T(s)$ で表されるという結論を得る。この結論は，実在気体を含むあらゆる物質について成り立つ。式 (5.22) と式 (4.34) の関係を図 5.5 に示す。

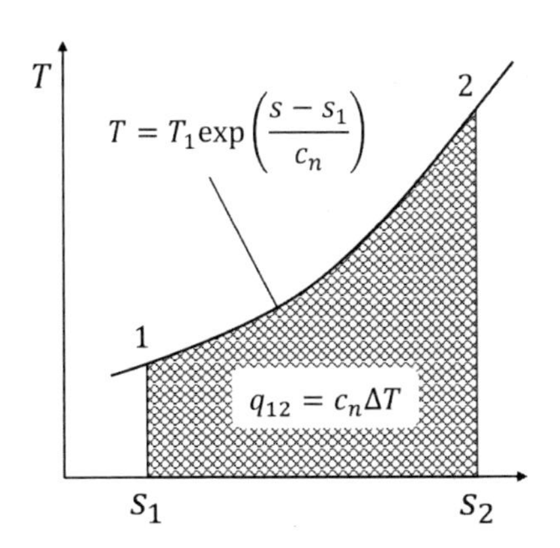

図 5.5　指数関数型状態変化の $T-s$ 線図と吸熱量

理想気体に限れば，比熱一定の変化はポリトロープ変化の一種として圧力 p と比体積 v の簡便な関数（ベキ関数）を用いても表現できる（4.2.2 項参照）。実在気体においては比熱一定の変化を圧力 p と比体積 v の簡便な関数で表現することは困難であるが，絶対温度 T と比エントロピー s の関数を用いれば，簡便な関数（指数関数）(5.22) を用いて表現することができる。

式 (5.21) を変形すると，

$$s_2 - s_1 = c_n \ln \frac{T_2}{T_1} \tag{5.23}$$

となり，比熱一定の状態変化における比エントロピー増分は，比熱 c_n と状態変化前後の絶対温度 T_1 と T_2 のみで決まる。

解析例 5.3：$T - s$ 指数関数型の状態変化

定常流動のタービンに水蒸気が状態 (800 ℃,5MPa) で流入し，可逆的に膨張した後 (100 ℃,0.1MPa) で流出する過程を考える。水蒸気の状態変化は指数関数の式 (5.22) で表され，力学的エネルギーの変化は無視できるとする。

付録 D の水蒸気表より，

$$u_1 = 3647\mathrm{J/g},\ h_1 = 4138\mathrm{J/g},\ s_1 = 7.746\mathrm{J/(g \cdot K)}$$

$$u_2 = 2506\mathrm{J/g},\ h_2 = 2676\mathrm{J/g},\ s_2 = 7.316\mathrm{J/(g \cdot K)}$$

である。タービン内で水蒸気は指数関数型の状態変化することから，式 (5.21) と式 (4.34) より，

$$c_n = \frac{s_2 - s_1}{\ln (T_2/T_1)} = 0.407\mathrm{J/(g \cdot K)}$$

$$q_{12} = c_n (T_2 - T_1) = -285\mathrm{J/g}$$

である。

タービンに出入りするエネルギーを網羅したものを図 5.6 に示す。同図より，タービンに対するエネルギー収支は，

$$h_2 - h_1 = q_{12} - \frac{W_f}{m_f} \tag{5.24}$$

である。上式 (5.24) に数値を代入して整理すると，

$$\frac{W_f}{m_f} = q_{12} - (h_2 - h_1) = 1177\mathrm{J/g}\ (出力)$$

となる。エネルギー保存の一般式 (2.3) より，流入出する水蒸気の単位質量当たりの膨張生成仕事は，

$$w_{\mathrm{gn},12} = q_{12} - (u_2 - u_1) = 856\mathrm{J/g}$$

である。この例のように定常流動の機器の入口と出口の (T, p) を測定すれば，機器内の状態変化を仮定（推定）してその出力や吸熱量を見積もることができる。

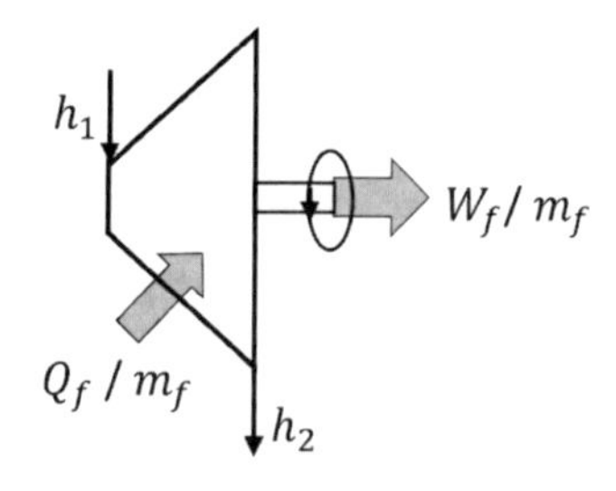

図 5.6　タービンに出入りするエネルギー

5.2.4 状態変化の $T-s$ 多項式近似

状態変化の表現には，種々の関数の選択が可能である。その例を以下に示す。

解析例 5.4：$T-s$ 多項式近似

解析例 5.3 において，水蒸気の状態変化は指数関数ではなく，次の三次の多項式で表されるとする。

$$\frac{T-T_1}{T_2-T_1}=a\left(\frac{s-s_1}{s_2-s_1}\right)+(1-a)\left(\frac{s-s_1}{s_2-s_1}\right)^3 \tag{5.25}$$

$a=1.2$

上式を積分すると，次式を得る。

$$q_{12}=\int_1^2 T\mathrm{d}s=\left[T_1+\frac{1+a}{4}(T_2-T_1)\right](s_2-s_1) \tag{5.26}$$

解析例 5.3 と同じ数値を用いると，

$$q_{12}=\left[T_1+\frac{1+a}{4}(T_2-T_1)\right](s_2-s_1)=-296\mathrm{J/g}$$

となる。タービンに対するエネルギーの収支式 (5.24) とエネルギー保存の一般式 (2.3) より，次の値を得る。

$$\frac{W_f}{m_f}=q_{12}-(h_2-h_1)=1166\mathrm{J/g}\ (\text{出力})$$

$$w_{\mathrm{gn},12}=q_{12}-(u_2-u_1)=845\mathrm{J/g}$$

指数関数と三次多項式の $T-s$ 線図を図 5.7 に示す。三次多項式の $T-s$ 線図が指数関数のそれより上方にあり，放熱量 $(-q_{12})$ が大きいことがわかる。

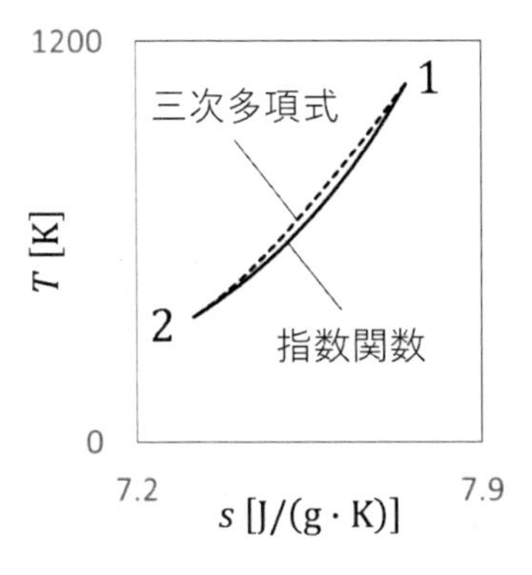

図 5.7　指数関数と三次多項式の $T-s$ 線図

5.3　理想気体とエントロピー

5.3.1 理想気体のエントロピーの増分

第4章では $p-v$ 線図を用いて理想気体をエネルギー解析したが，本節ではエントロピーを援用して理想気体をエネルギー解析する。

まず，理想気体の比エントロピーの増分 Δs の式を導く。理想気体の比熱の式 (3.9) と状態式 (4.1) は，

$$\mathrm{d}u = c_v \mathrm{d}T \tag{3.9}$$

$$p = \frac{RT}{v} \tag{4.1}$$

である。上式 (3.9) と式 (4.1) をギブスの式 (5.11) に代入し，比熱 c_v 一定を考慮して展開すると，

$$T\mathrm{d}s = c_v \mathrm{d}T + RT\frac{\mathrm{d}v}{v}$$

$$\int_1^2 \mathrm{d}s = c_v \int_1^2 \frac{\mathrm{d}T}{T} + R\int_1^2 \frac{\mathrm{d}v}{v}$$

$$s_2 - s_1 = c_v \ln\frac{T_2}{T_1} + R\ln\frac{v_2}{v_1} \tag{5.27}$$

となる。理想気体の定圧比熱の式 (3.11) と状態式 (4.1) は，

$$\mathrm{d}h = c_p \mathrm{d}T \tag{3.11}$$

$$v = \frac{RT}{p} \tag{4.1}$$

である。上式 (3.11) と式 (4.1) をギブスの式 (5.13) に代入し，比熱 c_p 一定を考慮して展開すると，

$$T\mathrm{d}s = c_p \mathrm{d}T - RT\frac{\mathrm{d}p}{p} \quad \int_1^2 \mathrm{d}s = c_p \int_1^2 \frac{\mathrm{d}T}{T} - R\int_1^2 \frac{\mathrm{d}p}{p}$$

$$s_2 - s_1 = c_p \ln\frac{T_2}{T_1} - R\ln\frac{p_2}{p_1} \tag{5.28}$$

となる。

式 (5.28) によれば，比エントロピーの増分 $(s_2 - s_1)$ は状態変化の始点1と終点2の状態量 (T_1, p_1) と (T_2, p_2) のみで決まる。つまり，比エントロピー s は状態量 T と p の関数 $(s = s(T, p))$ である。このように比エントロピーの値は変化の経路には無関係であり，物質のその時々の状態 (T, p) に対応して決まる量であるので，比エントロピーは状態量である。

5.3.2 ポリトロープ変化 $(pv^n = C)$

理想気体がポリトロープ変化する過程を考える。ポリトロープ変化の式 (4.17) を展開すると，

$$Tv^{n-1} = T_1 v_1^{n-1} \tag{4.17}$$

$$\left(\frac{v}{v_1}\right)^{n-1} = \frac{T_1}{T}$$

$$(n-1)\ln\frac{v}{v_1} = -\ln\frac{T}{T_1} \tag{5.29}$$

となる。上式 (5.29) と比熱の式 (4.11) および理想気体のエントロピーの式 (5.27) を展開すると，

$$s - s_1 = c_v \ln\frac{T}{T_1} + R\ln\frac{v}{v_1} = \frac{R}{\kappa-1}\ln\frac{T}{T_1} - \frac{R}{n-1}\ln\frac{T}{T_1} = \frac{(n-\kappa)R}{(n-1)(\kappa-1)}\ln\frac{T}{T_1} = c_n \ln\frac{T}{T_1}$$

$$T = T_1 \exp\left(\frac{s-s_1}{c_n}\right) \tag{5.22}$$

$$c_n = \frac{(n-\kappa)R}{(n-1)(\kappa-1)} = \frac{s_2 - s_1}{\ln(T_2/T_1)} \tag{5.30}$$

$$n = \frac{\kappa R - (\kappa-1)c_n}{R - (\kappa-1)c_n} = \frac{c_p - c_n}{c_v - c_n} \tag{5.31}$$

となって，ポリトロープ変化のベキ関数 (4.17) は指数関数 (5.22) に帰着する。また $T-s$ 指数関数型の状態変化は比熱 c_n 一定の状態変化と等価である（5.2.3 項参照）。したがって理想気体においては，，ポリトロープ変化，$T-s$ 指数関数型の変化，比熱 c_n 一定の変化はいずれも同じ状態変化である。これより，理想気体においては，ポリトロープ変化だけでなく定積変化 ($\mathrm{d}v = 0$)，定圧変化 ($\mathrm{d}p = 0$)，定温変化 ($\mathrm{d}T = 0$) および断熱変化 ($\mathrm{d}s = 0$) も $T-s$ の指数関数で表されるという結論を得る。

比熱 c_n を以下のように置くことにより，それぞれの状態変化を表す指数関数 $T(s)$ が得られ，また式 (4.34) より吸熱量 q_{12} を求めることができる。

断熱変化 ($\mathrm{d}s = 0$)：$c_n = 0$

定積変化 ($\mathrm{d}v = 0$)：$c_n = c_v$

定圧変化 ($\mathrm{d}p = 0$)：$c_n = c_p$

定温変化 ($\mathrm{d}T = 0$)：$c_n = \infty$

ただし，定温変化 ($\mathrm{d}T = 0$) の $c_n = \infty$ を q_{12} の計算に適用することはできない。定温変化 ($\mathrm{d}T = 0$) の場合は，式 (5.17) または式 (4.30) を用いる。

異なる比熱 c_n の値の指数関数の曲線を図 5.8 に示す。$c_n > 0$ の場合，c_n の値が小さいほど曲線の傾きは急である。したがって，$c_p > c_v$ であることから，定積変化の $T-s$ 線図の方が定圧変化より急である。

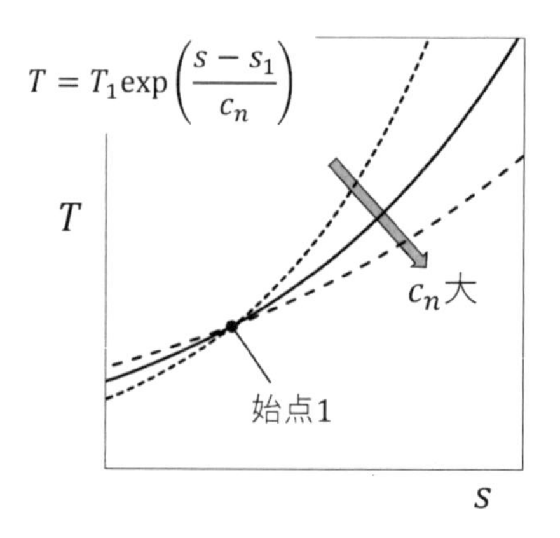

図 5.8　異なる比熱の指数関数型状態変化の $T-s$ 線図

解析例 5.5：理想気体

理想気体が以下の可逆変化をするとする。

(a) $T_2 = 2T_1$ までの定積変化

(b) 上の (a) と同じ比エントロピー増分 Δs の定圧変化

(c) $T_2 = 2T_1$ までの断熱変化（比熱比 $\kappa > 1$）

(d) 上の (a) と同じ比エントロピー増分 Δs のポリトロープ変化（ポリトロープ変化の比熱 $c_n > c_p$）

(e) 上の (a) と同じ比エントロピー増分 Δs の定温変化

可逆変化の $T-s$ 線図の傾きは，比熱が大きいほど小さい。また，定温変化の $T-s$ 線図は水平な線，断熱変化の $T-s$ 線図は垂直な線である。したがって，共通の (s_1, T_1) を始点とする可逆変化 (a)〜(e) の $T-s$ 線図は図 5.9 のようになる。

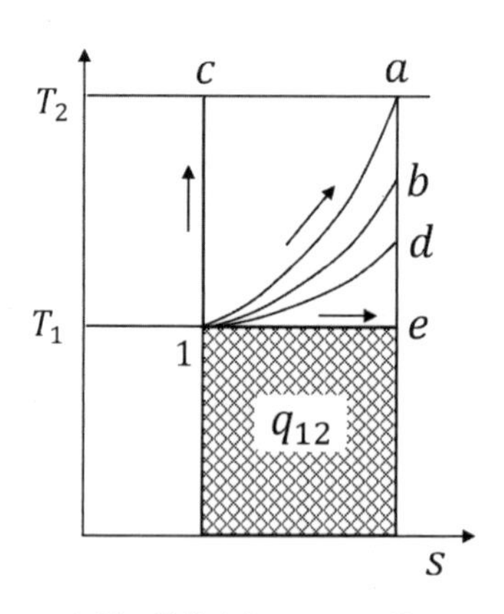

図 5.9　各種の状態変化の $T-s$ 線図と吸熱量

単位質量当たりの吸熱量 q_{12} の面積は，$T-s$ 線図と横軸の間の面積に等しい。したがって，定温変化 (e) における気体の吸熱量 q_{12} の面積は図中のグレーの部分で示される。また，可逆変化 (a)〜(e) をその吸熱量 q_{12} の面積から判断すると，次の順になる。

(c) < (e) < (d) < (b) < (a)
理想気体の気体定数 R =0.32J/(g・K)，比熱比 $\kappa = 1.4$，変化前の温度 T_1 =1000K として，各変化の解析を進める。

(a) 定積変化

式 (4.11) より，

$$c_v = \frac{R}{\kappa - 1} = 0.8\mathrm{J/(g \cdot K)}$$

であり，$c_n = c_v$ と式 (5.23) より，

$$\Delta s = c_v \ln \frac{T_2}{T_1} = c_v \ln 2 = 0.555\mathrm{J/(g \cdot K)}$$

である。題意より，

$$\Delta T = T_2 - T_1 = 2T_1 - T_1 = T_1$$

$$q_{12} = c_v (T_2 - T_1) = c_v T_1 = 800\mathrm{J/g}$$

であり，エネルギー保存の一般式 (2.3) より，

$$w_{\mathrm{gn},12} = q_{12} - \Delta u = c_v \Delta T - c_v \Delta T = 0$$

である。

(b) 定圧変化

式 (4.12) より，

$$c_p = \frac{\kappa R}{\kappa - 1} = 1.12\mathrm{J/(g \cdot K)}$$

であり，$c_n = c_p$ と式 (5.23) より，

$$\Delta s = c_p \ln \frac{T_2}{T_1} = c_v \ln 2$$

$$\ln \frac{T_2}{T_1} = \frac{c_v}{c_p} \ln 2 = \frac{1}{\kappa} \ln 2 = \ln 2^{1/\kappa}$$

$$\Delta T = T_2 - T_1 = 2^{1/\kappa} T_1 - T_1 = (2^{1/\kappa} - 1) T_1$$

$$q_{12} = c_p (T_2 - T_1) = (2^{1/\kappa} - 1) c_p T_1 = 718\mathrm{J/g}$$

である。エネルギー保存の一般式 (2.3) より，

$$w_{\mathrm{gn},12} = q_{12} - \Delta u = c_p \Delta T - c_v \Delta T = R \Delta T = (2^{1/\kappa} - 1) R T_1 = 205\mathrm{J/g}$$

である。

(c) ポリトロープ変化

$$c_n = 1.4\mathrm{J/(g \cdot K)} > c_p$$

とおくと，式 (5.23) より，

$$\Delta s = c_n \ln \frac{T_2}{T_1} = c_v \ln 2$$

$$\ln \frac{T_2}{T_1} = \frac{c_v}{c_n} \ln 2 = \ln 2^{c_v/c_n}$$

$$\Delta T = T_2 - T_1 = 2^{c_v/c_n} T_1 - T_1 = (2^{c_v/c_n} - 1)T_1$$

$$q_{12} = c_n (T_2 - T_1) = (2^{c_v/c_n} - 1)c_n T_1 = 680\mathrm{J/g}$$

である。エネルギー保存の一般式 (2.3) より，

$$w_{\mathrm{gn},12} = q_{12} - \Delta u = (c_n - c_v)\Delta T = R\Delta T = (2^{c_v/c_n} - 1)(c_n - c_v)T_1 = 292\mathrm{J/g}$$

である。

(d) 断熱変化

$\mathrm{d}s = 0$ と式 (5.9) より，

$$q_{12} = \int_1^2 T\mathrm{d}s = 0$$

であり，エネルギー保存の一般式 (2.3) と $T_2 = 2T_1$ より，

$$w_{\mathrm{gn},12} = q_{12} - \Delta u = -\Delta u = -c_v (T_2 - T_1) = -800\mathrm{J/g}$$

である。

(e) 定温変化

式 (5.27) より，

$$\Delta s = R \ln \frac{v_2}{v_1} = c_v \ln 2 = 0.555\mathrm{J/(g \cdot K)}$$

$$\frac{v_2}{v_1} = \exp\left(\frac{c_v}{R} \ln 2\right) = 2^{c_v/R} = 2^{1/(\kappa-1)} = 5.66$$

である。式 (5.17) より，

$$q_{12} = \int_1^2 T\mathrm{d}s = T_1 \Delta s = c_v T_1 \ln 2 = 555\mathrm{J/g}$$

である。エネルギー保存の一般式 (2.3) より，

$$w_{\mathrm{gn},12} = q_{12} - \Delta u = q_{12} = 555\mathrm{J/g}$$

である。

5.4 章末問題

問 5.1 定常流動の圧縮機に水蒸気が状態 (100 ℃, 0.1MPa) で流入し，可逆的に断熱圧縮 ($ds = 0$) された後，$p_2 = 10$MPa で流出する。力学的エネルギーの変化は無視できるとして，圧縮後の温度 t_2，比内部エネルギーの増分 Δu，流入出する蒸気の単位質量当たりの生成仕事 $w_{gn,12}$，工業仕事 W_f/m_f を求めよ。（ヒント：$s_1 = s_2$ を利用する）

問 5.2 シリンダー・ピストン内で，状態 (400 ℃, 0.1MPa) の水蒸気が可逆的に定温圧縮 ($dT = 0$) されて $p_2 = 5$MPa に変化する。力学的エネルギーの変化は無視できるとして，水蒸気の比内部エネルギーの増分 Δu，水蒸気の単位質量当たりの吸熱量 q_{12}，ピストンから気体が享受する運搬仕事 $-W_{tr,12}/m$ を求めよ。

問 5.3 **(1)** 状態 (400 ℃, 20MPa) の水蒸気が可逆的に定圧吸熱 ($dp = 0$) して $t_2 = 800$ ℃ に昇温するとき，水蒸気の平均の定圧比熱 c_p と吸熱量 q_{12} を求めよ。
(2) 状態 (400 ℃, 20MPa) の水蒸気が可逆的に比熱 c_n 一定を保って吸熱し状態 (800 ℃, 20MPa) に変化するとき，水蒸気の比熱 c_n と吸熱量 q_{12} を求めよ。

問 5.4 定常流動の圧縮機に水蒸気が状態 (100 ℃, 0.1MPa) で流入し，可逆的に圧縮された後 (600 ℃, 5MPa) で流出する。水蒸気の状態変化は次式により表される。

$$T = T_1 e^{(s-s_1)/c_n} \tag{5.22}$$

力学的エネルギーの変化は無視できるとして，比熱 c_n，流入出する水蒸気の単位質量当たりの吸熱量 q_{12}，膨張生成仕事 $w_{gn,12}$，工業仕事 W_f/m_f を求めよ。

問 5.5 問 5.4 において，水蒸気の状態変化が指数関数ではなく次式により表されるとして，流入出する水蒸気の単位質量当たりの吸熱量 q_{12}，膨張生成仕事 $w_{gn,12}$，工業仕事 W_f/m_f を求めよ。

$$\frac{T - T_1}{T_2 - T_1} = \frac{s - s_1}{s_2 - s_1} \tag{5.32}$$

問 5.6 シリンダー・ピストン内で，理想気体が可逆的に以下の変化をする。

(a) $T_2 = 0.5T_1$ までの定積変化

(b) 上の (a) と同じ比エントロピー増分 Δs の定圧変化

(c) $T_2 = 0.5T_1$ までの断熱変化

(d) 上の (a) と同じ比エントロピー増分 Δs のポリトロープ変化（ポリトロープ変化の比熱 $c_n < c_v$）

(e) 上の (a) と同じ比エントロピー増分 Δs の定温変化

(1) 共通の (s_1, T_1) を始点とする上記の可逆変化 (a)〜(e) の $T - s$ 線図を描き，可逆変化 (d) における放熱量 $|q_{12}|$ の面積を斜線で示せ。

(2) 可逆変化 (a)〜(e) を放熱量 $|q_{12}|$ の小さい順に並べよ。

問 5.7　定常流動のタービンにおいて，$R = 0.32\text{J}/(\text{g}\cdot\text{K})$ かつ $\kappa = 1.4$ の理想気体が，状態 (1000K, 10MPa) から指数 $n = 1.6$ の可逆的なポリトロープ変化を経て，圧力が 1/10 に減少して流出する。力学的エネルギーの変化は無視できるとして，流出気体の温度 T_2，比熱 c_n，流入出する気体の単位質量当たりの吸熱量 q_{12}，生成仕事 $w_{\text{gn},12}$，工業仕事 W_f/m_f を求めよ。

問 5.8　比熱 $c = 2.2\text{J}/(\text{g}\cdot\text{K})$ 一定の固体（非圧縮性）が，$t_1 = 0$ ℃ から $t_2 = 100$ ℃ に加熱される。固体の単位質量当たりの吸熱量 q_{12} と，比内部エネルギーの増分 Δu と比エントロピーの増分 Δs を求めよ。

第6章

エントロピーと最大仕事，自由エネルギー

現代社会は，様々な状態の種々の物質や化学物質を消費して電気エネルギーなどの万能エネルギーを生み出し享受している。それらの物質や化学反応が生み出し得る最大仕事の量を知ることは重要である。実際の機器においてはそれより少ない量が生み出されており，最大量との比較はエネルギー変換効率の改善に資するからである。比エントロピー s の第二の機能を用いれば，物質の状態と周囲の状態の差を利用して生み出し得る最大の万能エネルギー（＝最大仕事），および化学反応が生み出し得る最大仕事を決めることが可能である。本章では，解説や解析例を通して次の内容を学ぶ。

・最大仕事を生み出す状態変化の経路と最大仕事の式の導出
・多様な状態の種々の物質が生み出し得る最大仕事量の求め方
・束縛エネルギーと比エンタルピーまたは比内部エネルギーから構成される自由エネルギー
・自由エネルギーを用いた，化学反応が生み出し得る最大仕事量の求め方

6.1　最大仕事

6.1.1 最大仕事の式

エネルギー保存の一般式 (2.3) を変形して，以下に再掲する。

$$u_1 - u_2 = w_{\mathrm{gn},12} + (-q_{12}) \tag{2.3}$$

上式 (2.3) によれば，物質の内部エネルギーの落差は一部は万能エネルギーに，残りは熱に変換される。生成された万能エネルギーは系の形象に対応して様々な形態の万能エネルギーに変換されるが，式 (2.3) 中の $w_{\mathrm{gn},12}$ はそれらの総量を表す。生成万能エネルギー $w_{\mathrm{gn},12}$ が物質自身の力学的エネルギーの増分には変換されず全て出力される系に対して式 (2.3) を視覚化したものが図 6.1 である。

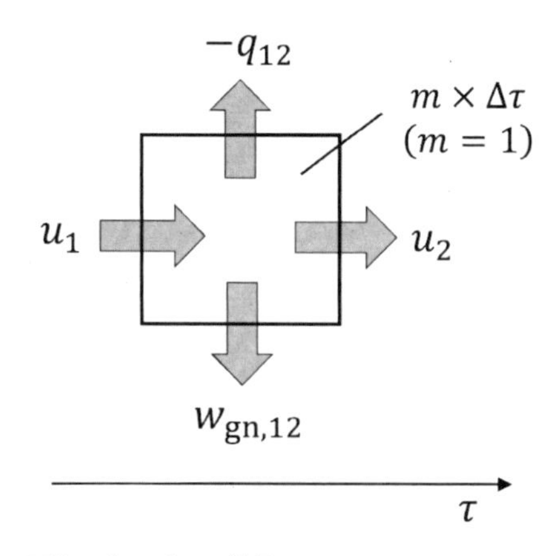

図 6.1　万能エネルギーの総量 $w_{gn,12}$ を用いたエネルギー収支

可逆伝熱（温度差ゼロで熱が移動する）を想定すると，エネルギー保存の一般式 (2.3) は，

$$w_{\mathrm{gn},12} = (u_1 - u_2) - \left(-\int_1^2 T\mathrm{d}s\right) = (u_1 - u_2) - \int_2^1 T\mathrm{d}s \tag{6.1}$$

となる。上式 (6.1) によれば，出力される万能エネルギーの総量 $w_{\mathrm{gn},12}$ は変化の始点の状態 1 と終点の状態 2，およびその変化過程 $T(s)$ に依存する。ここで**周囲**（大気など）**の状態は一定である**と想定し，以下のように表す。

$$T_\infty = 一定\ かつ\ p_\infty = 一定$$

ここに，周囲と同じ温度かつ圧力の状態を 2* で，状態 2* における状態量を添え字 ∞ で表記する。物質の温度 T_1 と圧力 p_1 が周囲の温度 T_∞ と圧力 p_∞ と異なっていれば，その差を利用して万能エネルギー $w_{\mathrm{gn},12}$ を生み出すことができる。

物質がその初期状態 1 から周囲と同じ温度と圧力を呈する状態 2* まで変化すると，上式 (6.1) 中のそれぞれの状態量は，

$$u_1 = u(T_1, p_1)$$

$$s_1 = s(T_1, p_1)$$

$$u_{2^*} = u_\infty = u(T_\infty, p_\infty) \tag{6.2}$$

$$s_{2^*} = s_\infty = s(T_\infty, p_\infty) \tag{6.3}$$

と表せる。$T_1 > T_\infty$ の場合，放熱過程における系の温度 T が周囲の温度 T_∞ に近いほど放熱量は小さい。その極限である $T = T_\infty =$ 一定 のとき（つまり周囲と系の両者において可逆伝熱のとき）放熱量は最小になり，その熱量は,

$$-q_{12^*} = \int_{2^*}^{1} T_{\mathrm{d}T=0} \mathrm{d}s = T_\infty (s_1 - s_\infty) \tag{6.4}$$

となる。ここに，$T_{\mathrm{d}T=0}$：定温 ($\mathrm{d}T = 0$) 過程における温度であり，関数 $T(s) = T_\infty$（一定）である。最小の放熱量に加えて，摩擦などのない可逆変化において生成仕事は最大になる。よって，式 (6.1) より，比内部エネルギーの落差 $(u_1 - u_\infty)$ から取り出し得る最大の万能エネルギー W_{Max}/m は,

$$\frac{W_{\mathrm{Max}}}{m} = w_{gn,12^*} = (u_1 - u_\infty) - T_\infty (s_1 - s_\infty) \tag{6.5}$$

である。

これ以降，W_{Max} を**最大仕事**と呼ぶことにする。$T_1 > T_\infty$ の場合，上式 (6.5) を実現し最大仕事を生み出す経路は，図 6.2（左）のように，まず可逆断熱変化により状態 1 の温度 T_1 から温度 T_∞ に降温した後，温度 T_∞ 一定の定温変化により放熱して比エントロピーを s_1 から s_∞ に減じて状態 2^* に至る過程である。

一方，$T_1 < T_\infty$ の場合，最大仕事を生み出す経路は，図 6.2（右）のようにまず可逆断熱変化により状態 1 の温度 T_1 から温度 T_∞ に昇温した後，温度 T_∞ 一定の定温変化により吸熱して比エントロピーを s_1 から s_∞ に増加させて状態 2^* に至る過程である。この過程において系の吸熱量は最大値を取り，次式で表される。

$$q_{12^*} = \int_{1}^{2^*} T\mathrm{d}s = -T_\infty (s_1 - s_\infty)$$

この吸熱量 q_{12^*} の一部は内部エネルギーの増分 $(u_\infty - u_1)$ に変換され，残りが最大仕事 W_{Max}/m に変換される。したがって最大仕事 W_{Max} は，$T_1 < T_\infty$ と $T_1 > T_\infty$ のいずれの場合も同じ式 (6.5) で表される。以上より，次の**最大仕事の法則**が得られる。

「状態 1 から 2^* に至る可逆変化において最大仕事が得られる。」

この法則でいう可逆変化とは，内部可逆変化だけでなく系の外部（周囲）における可逆変化も含むものある。図 6.2 に示すように，このような可逆過程から構成される経路はただ一つのみである。

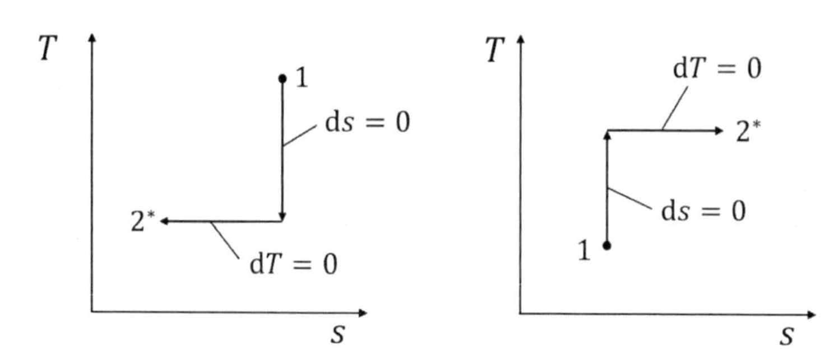

図 6.2　最大仕事を生み出す経路：$T_1 > T_\infty$ の場合（左）と $T_1 < T_\infty$ の場合（右）

なお，比内部エネルギー落差 $(u_1 - u_\infty)$ と比エントロピー落差 $(s_1 - s_\infty)$ の値がわかれば，式 (6.5) より最大仕事 W_{Max} が算出される。様々な状態における物質の $(u_1 - u_\infty)$ と $(s_1 - s_\infty)$ の値を求める手法を，6.1.2 項で示す。

6.1.2 理想気体の最大仕事

理想気体においては，式 (4.5) と式 (5.27) または式 (5.28) において添え字を $1 \to \infty$，$2 \to 1$ と変換して得られる以下の式から比内部エネルギー落差 $(u_1 - u_\infty)$ と比エントロピー落差 $(s_1 - s_\infty)$ を求めることができる。

$$u_1 - u_\infty = c_v (T_1 - T_\infty) \tag{6.6}$$

$$s_1 - s_\infty = c_v \ln \frac{T_1}{T_\infty} + R \ln \frac{v_1}{v_\infty} \tag{6.7}$$

$$s_1 - s_\infty = c_p \ln \frac{T_1}{T_\infty} - R \ln \frac{p_1}{p_\infty} \tag{6.8}$$

解析例 6.1：理想気体の最大仕事

周囲温度 $T_\infty = 300\mathrm{K}$ かつ周囲圧力 $p_\infty = 0.1\mathrm{MPa}$ における，状態 $(1200\mathrm{K}, 10\mathrm{MPa})$ の理想気体（気体定数 $R = 0.32\mathrm{J/(g \cdot K)}$，比熱比 $\kappa = 1.4$）について考える。式 (4.11) と式 (4.12) より，気体の比熱は，

$$c_v = \frac{R}{\kappa - 1} = 0.8\mathrm{J/(g \cdot K)}$$

$$c_p = \kappa c_v = 1.12\mathrm{J/(g \cdot K)}$$

である。気体が $T_1 = 1200\mathrm{K}$ から $T_{2'} = T_\infty = 300\mathrm{K}$ まで断熱膨張すると，式 (4.18) と式 (2.3)，式 (4.5) より，

$$p_{2'} = p_1 \left(\frac{T_{2'}}{T_1} \right)^{\kappa/(\kappa-1)} = 0.0781\mathrm{MPa}$$

$$w_{\mathrm{gn},12'} = u_1 - u_{2'} = c_v (T_1 - T_{2'}) = 720\mathrm{J/g}$$

であり，$p_{2'}$ から $p_\infty = 0.1\mathrm{MPa}$ まで定温変化すると，式 (4.24) より，

$$w_{\mathrm{gn},2'2^*} = -RT_\infty \ln \frac{p_\infty}{p_{2'}} = -24\mathrm{J/g}$$

である。よって，全過程で生み出される仕事は，

$$w_{\mathrm{gn},12'2^*} = w_{\mathrm{gn},12'} + w_{\mathrm{gn},2'2^*} = 696\mathrm{J/g}$$

である。この過程は可逆過程から構成され，最大仕事を生み出すので，

$$\frac{W_{\mathrm{Max}}}{m} = w_{\mathrm{gn},12'2^*} = 696\mathrm{J/g}$$

となる。

別の解析法

比内部エネルギーの落差 $(u_1 - u_\infty)$ は，式 (6.6) より，

$$u_1 - u_\infty = c_v (T_1 - T_\infty) = 720\mathrm{J/g}$$

であり，比エントロピーの落差 $(s_1 - s_\infty)$ は，式 (6.8) より，

$$s_1 - s_\infty = c_p \ln \frac{T_1}{T_\infty} - R \ln \frac{p_1}{p_\infty} = -0.0790\mathrm{J/(g \cdot K)}$$

である。式 (6.5) より最大仕事 W_{Max} は，

$$\frac{W_{\mathrm{Max}}}{m} = u_1 - u_\infty - T_\infty (s_1 - s_\infty) = 696\mathrm{J/g}$$

となって，上の結果と一致する。

6.1.3 比熱一定の非圧縮性物質の最大仕事

比 $v_1/v_\infty = 1$ である固体や液体などの非圧縮性物質においては，比熱 c が一定の場合，式 (1.11) と式 (5.23) において添え字を $1 \to \infty$，$2 \to 1$ と変換して得られる以下の式から比内部エネルギー落差 $(u_1 - u_\infty)$ と比エントロピー落差 $(s_1 - s_\infty)$ を求めることができる。

$$u_1 - u_\infty = c (T_1 - T_\infty) \tag{6.9}$$

$$s_1 - s_\infty = c \ln \frac{T_1}{T_\infty} \tag{6.10}$$

6.1.4 水蒸気の最大仕事（相変化を含む）

実在気体である水蒸気の最大仕事を求める際には，付録 D の水蒸気表中の u_1 と s_1 の数値を用いる。それらの数値は，(0 ℃,1atm) の水（液体）を基準としている。つまり，基準状態におけるそれらの値はゼロである。

周囲の状態 (T_∞, p_∞)，例えば (25 ℃,1atm) においては，水は液体の状態である。相変化（蒸発）を経て水（液体）から気体の水蒸気（気体）へ変化するため，水蒸気と水の比内部エネルギー落差は大きい。水（液体）においても同じ状態 (0 ℃, 1atm) を基準とし，水の比熱 c_L を一定とすると，水の u_∞ と s_∞ は次式から求められる。

$$u_\infty = c_L t_\infty \tag{6.11}$$

$$s_\infty = c_L \ln \frac{T_\infty}{273} \tag{6.12}$$

$$c_L = 4.2\mathrm{J/(g \cdot K)} \tag{6.13}$$

また，水（液体）の比体積には次の値が用いられる。

$$v_L = 1\mathrm{cm^3/g} \tag{6.14}$$

6.1.5 氷の最大仕事（相変化を含む）

温度 $t_1 < 0$ ℃ の氷（固体）は，融解温度 $t_{\mathrm{fus}} = 0$ ℃ において相変化（融解）し，常温の水（液体）に変化する。その変化過程は次の三つから成る。

① t_1 から融解温度 $t_{\mathrm{fus}} = 0$ ℃ への氷（固体）の昇温

②融解温度 $t_{\mathrm{fus}} = 0$ ℃ 一定での融解（固体から液体へ）

③融解温度 $t_{\mathrm{fus}} = 0$ ℃ から t_∞ への水（液体）の昇温

上記の過程の $T-s$ 線図を図 6.3 に示す。

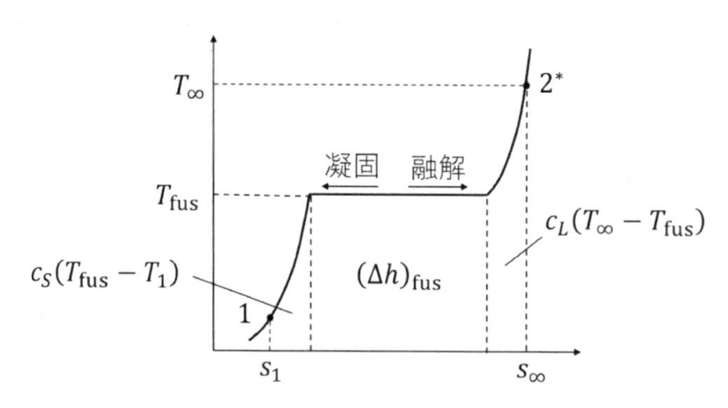

図 6.3　融解・凝固を含む状態変化の $T-s$ 線図

氷（固体）の比熱 c_S と水（液体）の比熱 c_L を一定とすると，氷の u と s のそれぞれの落差は三つの過程に対応した項の和である。

$$u_1 - u_\infty = c_S(T_1 - T_{\mathrm{fus}}) - (\Delta h)_{\mathrm{fus}} + c_L(T_{\mathrm{fus}} - T_\infty) \tag{6.15}$$

$$s_1 - s_\infty = c_S \ln \frac{T_1}{T_{\mathrm{fus}}} - \frac{(\Delta h)_{\mathrm{fus}}}{T_{\mathrm{fus}}} + c_L \ln \frac{T_{\mathrm{fus}}}{T_\infty} \tag{6.16}$$

$$c_S = 2.0\mathrm{J/(g \cdot K)} \tag{6.17}$$

$$T_{\mathrm{fus}} = 273\mathrm{K} \tag{6.18}$$

$$(\Delta h)_{\mathrm{fus}} = 334\mathrm{J/g} \tag{6.19}$$

ここに，c_S：氷の比熱，T_{fus}：融解（凝固）温度，$(\Delta h)_{\mathrm{fus}}$：融解熱である。

6.1.6 排除仕事

図 6.4 のように，(T_∞, p_∞) の大気（周囲）中において，状態 (T_1, p_1) の物質が v_1 から v_∞ への膨張を伴い状態 1 から 2* に変化する場合を考える。物質の膨張によって排除される周囲空気

（物質の単位質量当たりの）体積は，

$$単位質量当たりの排除体積 = v_\infty - v_1 \tag{6.20}$$

であり，その排除に要する仕事（**排除仕事**）は，

$$単位質量当たりの排除仕事 = p_\infty (v_\infty - v_1) \tag{6.21}$$

である。また，実際に取り出し得る仕事の最大量 $W_{\mathrm{Max,avl}}$ は，最大仕事 W_{Max} から排除仕事を差し引いた量であり，次式が得られる。

$$\frac{W_{\mathrm{Max,avl}}}{m} = \frac{W_{\mathrm{Max}}}{m} - p_\infty (v_\infty - v_1) = \frac{W_{\mathrm{Max}}}{m} + p_\infty (v_1 - v_\infty)$$

$$\frac{W_{\mathrm{Max,avl}}}{m} = (u_1 - u_\infty) - T_\infty (s_1 - s_\infty) + p_\infty (v_1 - v_\infty) \tag{6.22}$$

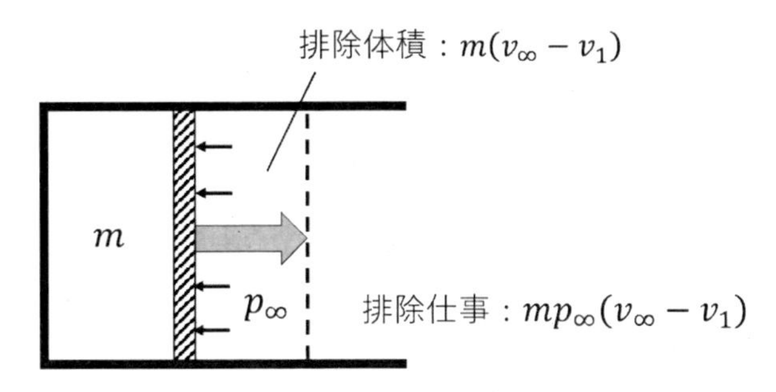

図 6.4　膨張に伴う周囲空気の排除

解析例 6.2：理想気体から取り出し得る仕事の最大量

状態 (300K, 0.1MPa) の大気（周囲）中における，(300K, 10MPa) の理想気体（気体定数 $R = 0.32\mathrm{J/(g \cdot K)}$，比熱比 $\kappa = 1.4$）について考える。式 (6.6) と式 (6.8) より，

$$u_1 - u_\infty = c_v (T_1 - T_\infty) = 0$$

$$s_1 - s_\infty = -R \ln \frac{p_1}{p_\infty} = -1.474\mathrm{J/(g \cdot K)}$$

である。式 (6.5) より最大仕事 W_{Max} は，

$$\frac{W_{\mathrm{Max}}}{m} = u_1 - u_\infty - T_\infty (s_1 - s_\infty) = 442\mathrm{J/g}$$

である。

$$v_1 = \frac{RT_1}{p_1} = 9.6\mathrm{cm^3/g}$$

$$v_\infty = \frac{RT_\infty}{p_\infty} = 960\mathrm{cm^3/g}$$

式 (6.21) より排除仕事は，

$$p_\infty(v_\infty - v_1) = 95\mathrm{J/g}$$

である。式 (6.22) より，実際に取り出し得る最大仕事量 $W_{\mathrm{Max,avl}}$ は，

$$\frac{W_{\mathrm{Max,avl}}}{m} = \frac{W_{\mathrm{Max}}}{m} - p_\infty(v_\infty - v_1) = 347\mathrm{J/g}$$

である。

別の解析法

図 6.4 のように (300K, 10MPa) の理想気体がシリンダー・ピストンに入っていると考えると，ピストンの内面と大気側の面が受ける圧力差は，

$$p - p_\infty$$

である。T_∞ 一定の定温膨張によって最大仕事が取り出せるので，取り出し得る最大仕事は式 (2.12) より，

$$\begin{aligned}\frac{W_{\mathrm{Max,avl}}}{m} &= \int_1^{2^*}(p - p_\infty)\mathrm{d}v = \int_1^{2^*} p\mathrm{d}v - p_\infty \int_1^{2^*} \mathrm{d}v = RT_\infty \int_1^{2^*} \frac{\mathrm{d}v}{v} - p_\infty [v]_1^{2^*} \\ &= RT_\infty \ln\frac{v_\infty}{v_1} - p_\infty(v_\infty - v_1) = 442 - 95 = 347\mathrm{J/g}\end{aligned}$$

となって上の結果と一致する。このように $1 \to 2^*$ の変化に伴い排除体積がある場合は，それを考慮する必要がある。

6.1.7 負の最大仕事

負の仕事とは，状態 $1 \to 2^*$ の変化過程において物質が仕事を享受することを意味する。最大仕事が負の場合であっても，周囲との差を利用することにより仕事を取り出すことができる。これを以下の例で確かめよう。

解析例 6.3：負の最大仕事

状態 (300K, 0.1MPa) の大気（周囲）中における状態 (300K, 0.01MPa) の理想気体（気体定数 $R = 0.32\mathrm{J/(g \cdot K)}$，比熱比 $\kappa = 1.4$）について考える。式 (6.6) と (6.8) より，

$$\begin{aligned}&u_1 - u_\infty = 0 \\ &s_1 - s_\infty = -R\ln\frac{p_1}{p_\infty} = 0.737\mathrm{J/(g \cdot K)}\end{aligned}$$

である。式 (6.5) より最大仕事 W_{Max} は，

$$\frac{W_{\mathrm{Max}}}{m} = u_1 - u_\infty - T_\infty(s_1 - s_\infty) = -221\mathrm{J/g} < 0$$

となって，最大仕事 W_{Max} は負の値をとる。

この変化の始点と終点の比体積は，

$$v_1 = 9600\mathrm{cm^3/g}$$

$$v_\infty = 960\text{cm}^3/\text{g}$$

である。

気体が収縮するとその分だけ周囲空気は膨張するので，気体は周囲空気から次式の負の排除仕事を引き出す（周囲空気に仕事を生成させる）ことができる。

$$p_\infty(v_1 - v_\infty) = 864\text{J/g}$$

この周囲空気が生成した仕事（負の排除仕事）のうち最大仕事 W_{Max} の量は気体が吸収するので，実際に取り出し得る仕事の最大量 $W_{\text{Max,avl}}$ は，

$$\frac{W_{\text{Max,avl}}}{m} = p_\infty(v_1 - v_\infty) + \frac{W_{\text{Max}}}{m} = 864 - 221 = 643\text{J/g}$$

である。このように最大仕事 W_{Max} が正であれ負であれ，実際に取り出し得る仕事の最大量 $W_{\text{Max,avl}}$ は式 (6.22) で表される。

次に，0.1MPa の大気中に体積 $V_1 = 9600\ \text{cm}^3$ の真空がある場合の取り出し得る最大仕事 $W_{\text{Max,avl}}$ を求めてみよう。$V_\infty = 0$ なので負の排除仕事は，

$$p_\infty(V_1 - V_\infty) = p_\infty V_1$$

である。真空の最大仕事はゼロなので（$W_{\text{Max}} = 0$，真空は仕事を吸収しない），実際に取り出し得る仕事の最大量 $W_{\text{Max,avl}}$ は，

$$W_{\text{Max,avl}} = p_\infty(V_1 - V_\infty) = p_\infty V_1 = 960\text{J}$$

となって，排除仕事に等しい。

6.2　化学反応に伴う最大仕事と自由エネルギー

6.2.1 化学反応とエンタルピー

6.1 節では主として温度および圧力の変化または相変化を伴う物質の状態変化を解析したが，本節では，解析対象を化学反応を伴う物質の状態変化に拡張する。

分子は原子が結合（化学結合）した粒子であり，その組み合わせによって化学結合のエネルギー（化学エネルギー）が異なる。そのため，比エンタルピー h は分子の種類によって異なる。化学反応では原子の組み変えが起こりエンタルピーが変化するが，それを利用してエンタルピー落差の一部を万能エネルギーに変換することができる。多くの場合，化学反応を伴うエンタルピー落差は温度と圧力の変化を伴うエンタルピーの落差と較べてはるかに大きく，取り出し得る万能エネルギー（電気エネルギーなど）はけた違いに大きい。以下では，力学的エネルギーの変化を無視して化学反応を伴う状態変化の解析を行う。

6.2.2 標準生成エンタルピーと反応熱

温度 298K かつ圧力 0.1 MPa におけるグラファイト C，水素 H_2，酸素 O_2 などの単体を標準

物質とし，それらの比エンタルピーを基準（ゼロ）として決められた化合物の比エンタルピーを，**標準生成比エンタルピー**という。代表的な化合物の標準生成比エンタルピーの値を付録Eの表に示す。同表中には，絶対零度0Kにおける値を基準（ゼロ）とする，各単体および化合物の比エントロピー（絶対比エントロピー）の値も示されている。

1 molの化学種Aに対する化学反応が，次の反応式で表されるとする。

$$A + bB \rightarrow cC + dD \tag{6.23}$$

反応前のAとBを反応物，反応後のCとDを生成物という。図6.5のように，温度T一定かつ圧力p一定($dT = 0$ & $dp = 0$)を保って，上式(6.23)の化学反応を進行させつつ**熱のみを出力する**定常流動の化学反応器（系）について考える。なお，力学的エネルギーの変化は無視できるとする。

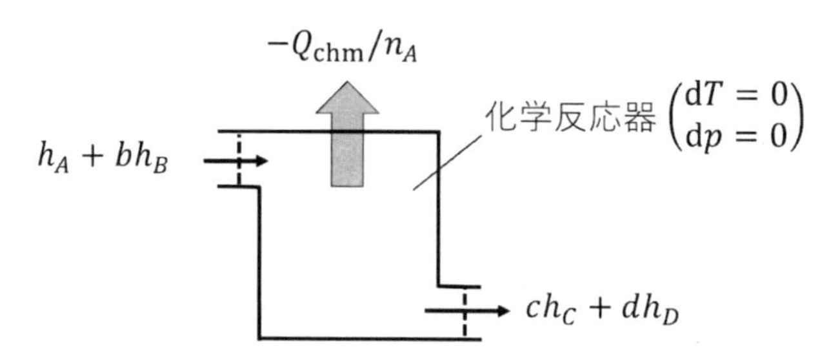

図6.5　熱のみを出力する化学反応器

図6.5より，反応器に対するエネルギー収支は，

$$h_A + bh_B = ch_C + dh_D + \left(-\frac{Q_{chm}}{n_A}\right)$$

である。ここに，h_A：化学種Aの標準生成エンタルピー[J/mol]，$-Q_{chm}/n_A$：化学種Aの1 mol当たりの反応熱[J/mol$_A$]である。上式を変形すると，

$$-\frac{Q_{chm}}{n_A} = h_A + bh_B - ch_C - dh_D \tag{6.24}$$

となり，各化学種の標準生成エンタルピーと上式(6.24)から反応熱($-Q_{chm}/n_A$)を求めることができる。

6.2.3 ギブスの自由エネルギーと最大生成万能エネルギー

次式で定義される**ギブスの自由エネルギー** gを導入する。

$$g = h - Ts \tag{6.25}$$

ギブスの自由エネルギーgと比エンタルピーhの関係は，模式的に図6.6（左）のように表すことができる。Tsは**束縛エネルギー**と呼ばれ，万能エネルギーとして取り出し得ないエネルギーである。比エンタルピーhから束縛エネルギーTsを差し引いた量が自由エネルギーgであり，

エンタルピーに含まれる万能エネルギー量またはそれに変換可能な量を示す。したがって，自由エネルギーは万能エネルギーの一つの形態であると考えることができる。

標準生成エンタルピーと絶対比エントロピーから算出される自由エネルギーを標準生成ギブス自由エネルギー（以下，標準生成自由エネルギーとも表記）という。代表的な化合物の標準生成自由エネルギーの値を付録 E の表に記載する。

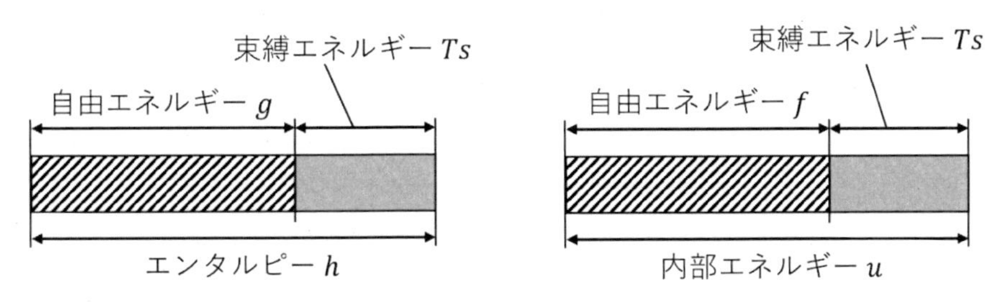

図 6.6　エンタルピー（左）または内部エネルギー（右）を構成する自由エネルギーと束縛エネルギー

図 6.7 のように，温度 $\boldsymbol{T}$ 一定かつ圧力 $\boldsymbol{p}$ 一定 ($\mathrm{d}T = 0$ & $\mathrm{d}p = 0$) を保って化学反応を進行させつつ万能エネルギー（電気エネルギーなど）を出力する化学反応器（系）について考える。なお，力学的エネルギーの変化は無視できるとする。

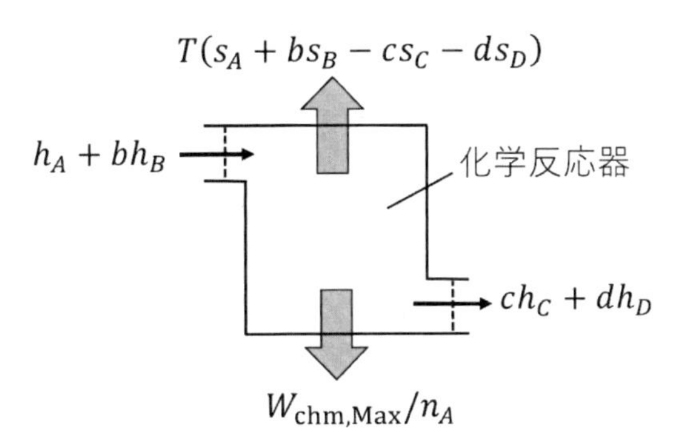

図 6.7　万能エネルギーを出力する化学反応器

化学反応が**可逆的に進行する**と想定すると，系の温度（反応温度 T）が一定 ($\mathrm{d}T = 0$) であることから，最小の放熱量 ($-Q_{\mathrm{Min}}$) は次式で与えられる。

$$-\frac{Q_{\mathrm{Min}}}{n_A} = -\int_1^2 T\mathrm{d}S = T(S_1 - S_2) = T[(s_A + bs_B) - (cs_C + ds_D)] \tag{6.26}$$

最小の放熱量において最大の万能エネルギー $W_{\mathrm{chm,Max}}$ が出力されるので，図 6.7 よりエネルギーの収支は，

$$H_1 - H_2 = T(S_1 - S_2) + \frac{W_{\mathrm{chm,Max}}}{n_A} \tag{6.27}$$

$$\frac{W_{\mathrm{chm,Max}}}{n_A} = [(h_A + bh_B) - (ch_C + dh_D)] - T[(s_A + bs_B) - (cs_C + ds_D)]$$

$$= (h_A - Ts_A) + b\,(h_B - Ts_B) - c\,(h_C - Ts_C) - d\,(h_D - Ts_D)$$

$$\frac{W_{\mathrm{chm,Max}}}{n_A} = (g_A + bg_B) - (cg_C + dg_D) \tag{6.28}$$

である。ここに，H_1 または H_2：反応物または生成物のエンタルピーの総和，S_1 または S_2：反応物または生成物のエントロピーの総和，g_A：化学種 A の標準生成ギブス自由エネルギー [J/mol]，s_A：比エントロピー [J/(g · mol)] である。

この化学反応に対する万能エネルギーの収支は図 6.8 のように表される。反応物それぞれが保有する自由エネルギー g が化学反応器（定常流動系）に流入し，生成物それぞれが保有する自由エネルギー g が流出し，化学反応で生み出された万能エネルギー（最大仕事）を出力する。同図より，自由エネルギーを用いて直接万能エネルギーの収支式 (6.28) を立てることができる。これにより容易に最大仕事を求めることができる。

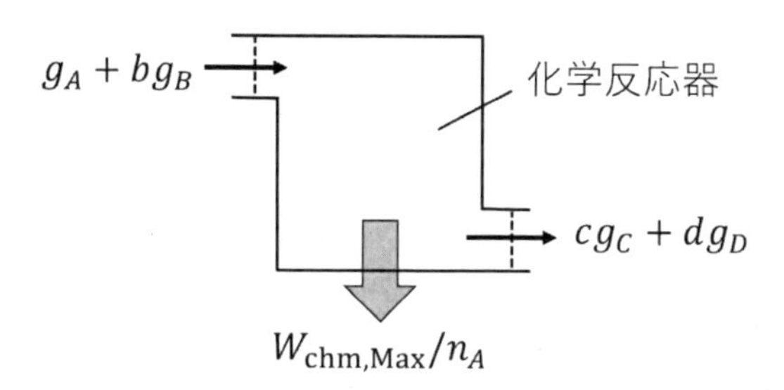

図 6.8　化学反応の万能エネルギーの収支

解析例 6.4：化学反応から取り出し得る最大仕事

$T = 298\mathrm{K}$ 一定かつ $p = 0.1\mathrm{MPa}$ 一定における次のアセチレン C_2H_2 の化学反応について考える。

$$C_2H_2 + 2.5O_2 \rightarrow 2CO_2 + H_2O \tag{6.29}$$

上の反応式から，熱のみを出力する反応器に対するエネルギー収支の式を立てると，

$$h_{C_2H_2} + 2.5h_{O_2} = 2h_{CO_2} + h_{H_2O} + \left(-\frac{Q_{\mathrm{chm}}}{n_{C_2H_2}}\right)$$

となる。付録 E の表から得られる標準生成（比）エンタルピー（H_2O は水蒸気の値）を代入すると，

$$-\frac{Q_{\mathrm{chm}}}{n_{C_2H_2}} = h_{C_2H_2} + 2.5h_{O_2} - 2h_{CO_2} - h_{H_2O} = 1256\ \mathrm{kJ/mol_{C_2H_2}} \tag{6.30}$$

となる。また，上の化学反応式から可逆的に進行する化学反応に対する万能エネルギーの収支式を立てると，

$$g_{C_2H_2} + 2.5g_{O_2} = 2g_{CO_2} + g_{H_2O} + \frac{W_{\mathrm{chm,Max}}}{n_{C_2H_2}} \tag{6.31}$$

となる。付録 E の表から得られるギブスの自由エネルギーの値（H_2O は水蒸気の値）を代入す

ると，

$$\frac{W_{\mathrm{chm,Max}}}{n_{\mathrm{C_2H_2}}} = g_{\mathrm{C_2H_2}} + 2.5g_{\mathrm{O_2}} - 2g_{\mathrm{CO_2}} - g_{\mathrm{H_2O}} = 1227\ \mathrm{kJ/mol_{C_2H_2}} \tag{6.32}$$

となる。両者の差

$$-\frac{Q_{\mathrm{Min}}}{n_{\mathrm{C_2H_2}}} = \frac{(-Q_{\mathrm{chm}}) - W_{\mathrm{chm,Max}}}{n_{\mathrm{C_2H_2}}} = 29\ \mathrm{kJ/mol_{C_2H_2}}$$

は，可逆的な化学反応過程で放出される最少の熱量 $-Q_{\mathrm{Min}}$ である。

別の解析法

まず，上の解析法と同様にして，式 (6.30) の反応熱の値を得る。次に万能エネルギーの収支式 (6.31) を展開すると，

$$\begin{aligned}
\frac{W_{\mathrm{chm,Max}}}{n_A} &= g_{\mathrm{C_2H_2}} + 2.5g_{\mathrm{O_2}} - 2g_{\mathrm{CO_2}} - g_{\mathrm{H_2O}} \\
&= (h_{\mathrm{C_2H_2}} - Ts_{\mathrm{C_2H_2}}) + 2.5(h_{\mathrm{O_2}} - Ts_{\mathrm{O_2}}) - 2(h_{\mathrm{CO_2}} - Ts_{\mathrm{CO_2}}) - (h_{\mathrm{H_2O}} - Ts_{\mathrm{H_2O}}) \\
&= (h_{\mathrm{C_2H_2}} + 2.5h_{\mathrm{O_2}} - 2h_{\mathrm{CO_2}} - h_{\mathrm{H_2O}}) - T(s_{\mathrm{C_2H_2}} + 2.5s_{\mathrm{O_2}} - 2s_{\mathrm{CO_2}} - s_{\mathrm{H_2O}}) \\
&= -\frac{Q_{\mathrm{chm}}}{n_{\mathrm{C_2H_2}}} - T(s_{\mathrm{C_2H_2}} + 2.5s_{\mathrm{O_2}} - 2s_{\mathrm{CO_2}} - s_{\mathrm{H_2O}})
\end{aligned}$$

となる。ここに反応熱の値と付録 E の表から得られる絶対（比）エントロピー（$\mathrm{H_2O}$ は水蒸気の値）を代入すると，式 (6.32) と同じ値を得る。

6.2.4 ヘルムホルツの自由エネルギー

自由エネルギーには，ギブスの自由エネルギーの他に次式で定義される**ヘルムホルツの自由エネルギー** f があり，温度 T 一定かつ体積 v 一定 ($\mathrm{d}T = 0$ & $\mathrm{d}v = 0$) の化学反応の解析に用いられる。

$$f = u - Ts \tag{6.33}$$

ヘルムホルツの自由エネルギーは，内部エネルギーに含まれる万能エネルギー量またはそれに変換可能な量を示す（図 6.7（右））。内部エネルギーから自由エネルギーを差し引いた残りが束縛エネルギーであり，絶対温度とエントロピーの積に等しい。自由エネルギーを用いてエントロピーを次のように解釈することもできる。

$$s = \frac{\text{束縛エネルギー}}{T} = \frac{u - f}{T} = \frac{h - g}{T} \tag{6.34}$$

上式は，エントロピーは物質が保有する束縛エネルギー（万能エネルギーに変換できないエネルギー）を絶対温度で除した量であることを示す。

なお，ヘルムホルツおよびギブスの自由エネルギーは，上述の通り化学反応から取り出し得る最大の万能エネルギーを決定する場合に用いられるが，その他にも化学反応が進む方向や系が平衡状態か否かの決定に利用される。詳細については化学熱力学に関する書籍を参照されたい。

6.3　章末問題

問 6.1　周囲温度 300K かつ周囲圧力 0.1MPa として，状態 (300K, 6.0MPa) の理想気体（気体定数 $R = 0.32\text{J}/(\text{g}\cdot\text{K})$，比熱比 $\kappa = 1.4$）の，比内部エネルギーの落差 $(u_1 - u_\infty)$ と比エントロピーの落差 $(s_1 - s_\infty)$ および単位質量当たりの最大仕事 W_{Max}/m と実際に取り出し得る仕事の最大量 $W_{\text{Max,avl}}/m$ を求めよ。

問 6.2　周囲温度 300K かつ周囲圧力 0.1MPa として，比熱 $c = 2.2\text{J}/(\text{g}\cdot\text{K})$ 一定の温度 −100 ℃の非圧縮性物質の，比内部エネルギーの落差 $(u_1 - u_\infty)$ と比エントロピーの落差 $(s_1 - s_\infty)$ および単位質量当たりの最大仕事 W_{Max}/m を求めよ。

問 6.3　周囲温度 300K かつ周囲圧力 0.1MPa として，状態 (800 ℃，20MPa) の水蒸気の，比内部エネルギーの落差 $(u_1 - u_\infty)$ と比エントロピーの落差 $(s_1 - s_\infty)$ および単位質量当たりの最大仕事 W_{Max}/m と実際に取り出し得る仕事の最大量 $W_{\text{Max,avl}}/m$ を求めよ。

問 6.4　状態 (30 ℃, 0.00424MPa) の水蒸気の状態量は，$v = 32882\text{cm}^3/\text{g}$，$u = 2416\text{J/g}$，$s = 8.452\text{J}/(\text{g}\cdot\text{K})$ である。状態 (30 ℃, 0.1MPa) の雰囲気（周囲）中における状態 (30 ℃, 0.00424MPa) の水蒸気の，比内部エネルギーの落差 $(u_1 - u_\infty)$ と比エントロピーの落差 $(s_1 - s_\infty)$ および単位質量当たりの最大仕事 W_{Max}/m と実際に取り出し得る仕事の最大量 $W_{\text{Max,avl}}/m$ を求めよ。

問 6.5　周囲温度 300K かつ周囲圧力 0.1MPa として，−30 ℃の氷の比内部エネルギーの落差 $(u_1 - u_\infty)$ と比エントロピーの落差 $(s_1 - s_\infty)$ および単位質量当たりの最大仕事 W_{Max}/m を求めよ。

問 6.6　$T = 298\text{K}$ 一定かつ $p = 0.1\text{MPa}$ 一定における次の化学反応式を示し，その反応熱と最大仕事を求めよ。

(1) アセチレン C_2H_2 の 1 mol が水素と反応して，メタン CH_4 が生成する。

(2) 一酸化炭素と水素が反応して，メチルアルコール 1 mol が生成する。

(3) 窒素と水素が反応して，アンモニア 1 mol が生成する。

問 6.7　燃料電池において，$T = 298\text{K}$ 一定かつ $p = 0.1\text{MPa}$ 一定を保って次の化学反応が生じる。

$$H_2 + 0.5O_2 \rightarrow H_2O$$

この化学反応が生み出し得る，水素 1 mol 当たりの最大の万能エネルギー（電気エネルギー）$W_{\text{chm,Max}}/n_{H_2}$ と最小の放熱量 $-Q_{\text{Min}}/n_{H_2}$ を求めよ。また，実際に得られた万能エネルギーは $W_{\text{chm,Max}}/n_{H_2}$ の 70 %であり，失われた万能エネルギーは，$-Q_{\text{Min}}$ とともに熱として放出される。そのときの総放熱量 $-Q_{12}/n_{H_2}$ を求めよ。なお，計算には水蒸気（気体）の物性値を用いよ。

第7章

エントロピー生成と最大仕事の損失

実際の機器が生み出す万能エネルギーの量は解析から求められる最大量（最大仕事）より小さく，その差は機器の稼働において生ずる不可逆変化に起因する。つまり，不可逆変化によって最大仕事の損失が生じる。本章では，不可逆変化ではエントロピーが生成し，その生成量に比例して最大仕事が失われることを，以下を対象とする解析例を通して学ぶ。

・摩擦を伴う不可逆変化
・温度差のある熱移動を伴う不可逆変化
・混合を伴う不可逆変化
・不可逆変化を伴って稼働するエネルギー機器

7.1　不可逆変化とエントロピー生成

7.1.1 不可逆変化

前章までは，主として物体の移動や流動において摩擦が生ぜず，かつ温度差がゼロで熱が移動するという可逆変化を想定してエネルギー解析を行ったが，本章ではエントロピーを援用して不可逆現象を定量的に解析する。代表的な不可逆現象は，固体摩擦および流動摩擦，高温物質から低温物質への熱移動，物質の混合の三つである。

7.1.2 不可逆変化におけるエントロピー生成

可逆・不可逆に関する熱力学の法則を数式で表現すると，

$$S_2 - S_1 = \int_1^2 \frac{\delta Q}{T} + S_{\mathrm{gn},12} \tag{7.1}$$

可逆変化では，$S_{\mathrm{gn},12} = 0$ (7.2)

不可逆変化では，$S_{gn,12} > 0$ (7.3)

である。ここに，S：系のエントロピー，$S_{\mathrm{gn},12}$：不可逆変化に伴って生成するエントロピーである。

熱の流入・流出に伴う系の状態量のエントロピーの増減を周囲からのエントロピーの流入・流出とみなすと，式 (7.1) は**エントロピー収支の関係を表現する**。つまり，熱とともにエントロピーが系に流入し，系内でエントロピーが生成されると，両者の和の分だけ系のエントロピーが増加する。この収支関係は，検査「体積」$m \times \Delta\tau$ を用いて図 7.1 のように表現できる。

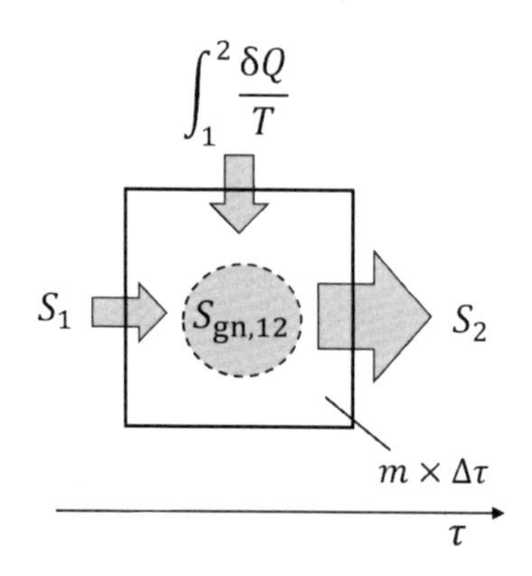

図 7.1　エントロピーの収支

式 (7.1) を変形すると，

$$S_{\mathrm{gn},12} = (S_2 - S_1) - \int_1^2 \frac{\delta Q}{T} \geq 0 \tag{7.1}$$

である。系のエントロピーの増分 $(S_2 - S_1)$ と吸熱・放熱に伴うエントロピーの流入出量を知れば，式 (7.1) よりエントロピー生成量 $S_{\mathrm{gn},12}$ が算出できる。

7.2　種々の不可逆現象におけるエントロピー生成

本節では，種々の不可逆現象を取り上げて解析する。また，最大仕事損失の法則を導き，不可逆現象によって失われる最大仕事の量を求める。

7.2.1 摩擦

解析例 7.1：流動摩擦

図 7.2 のように，断熱された液体（系）を攪拌する現象を考える。

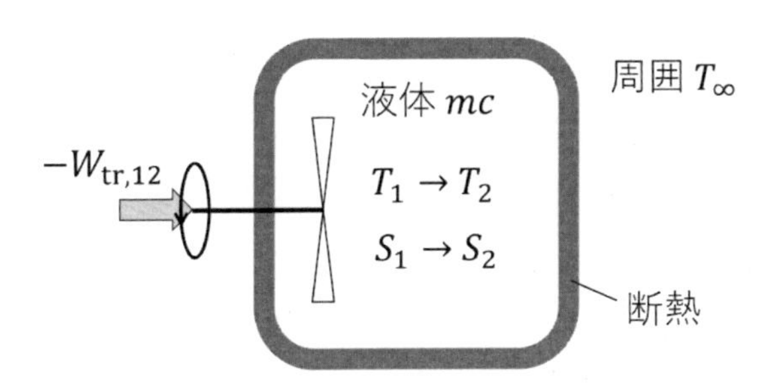

図 7.2　流動摩擦とエントロピー

攪拌に伴う流動摩擦によって，液体の温度が T_1 から T_2 に上昇する。液体の熱容量 mc 一定とし，攪拌羽根とシャフトの熱容量は無視できるとする。攪拌のために系に入力された仕事 $(-W_{\mathrm{tr},12})$ は全て液体の内部エネルギーに変換されるので，エネルギー収支は，

$$-W_{\mathrm{tr},12} = U_2 - U_1 = mc\,(T_2 - T_1) \tag{7.4}$$

である。これに伴う液体のエントロピー増分は，比熱一定のエントロピー増分の式 (5.23) と $c_n = c$ より，

$$S_2 - S_1 = mc \ln \frac{T_2}{T_1} \tag{7.5}$$

である。なお，周囲から系（液体）への熱の出入りはない（断熱な）ので，それに伴うエントロピーの出入りもない。よって，エントロピーの収支式 (7.1) より，

$$S_{\mathrm{gn},12} = S_2 - S_1 = mc \ln \frac{T_2}{T_1} \tag{7.6}$$

である。

上述の流動摩擦による液体の昇温に伴う最大仕事 W_{Max} の増加は，攪拌のために入力された仕事 $(-W_{\mathrm{tr},12})$ に等しいだろうか。攪拌の前と後の系の最大仕事 $W_{\mathrm{Max},1}$ と $W_{\mathrm{Max},2}$ は，式 (6.5)，式 (1.11)，式 (5.23) より，

$$W_{\mathrm{Max},1} = (U_1 - U_\infty) - T_\infty\,(S_1 - S_\infty) = mc\,(T_1 - T_\infty) - mcT_\infty \ln \frac{T_1}{T_\infty} \tag{7.7}$$

$$W_{\mathrm{Max},2} = mc\,(T_2 - T_\infty) - mcT_\infty \ln \frac{T_2}{T_\infty} \tag{7.8}$$

である。よって，攪拌前と後の系の最大仕事の増分 ΔW_{Max} は,

$$\Delta W_{Max} = W_{Max,2} - W_{Max,1} = mc\,(T_2 - T_1) - mcT_\infty \ln \frac{T_2}{T_1} = (U_2 - U_1) - T_\infty\,(S_2 - S_1)$$

となり，式(7.4)と式(7.6)を代入すると,

$$\Delta W_{Max} = -W_{tr,12} - T_\infty S_{gn,12} \tag{7.9}$$

である。温度上昇による系の最大仕事の増分 ΔW_{Max} は，入力した仕事量 $(-W_{tr,12})$ より $T_\infty S_{gn,12}$ だけ少ない。したがって，この不可逆変化（流動摩擦）により失われた仕事 W_{Loss} は,

$$W_{Loss} = -W_{tr,12} - \Delta W_{Max} = T_\infty S_{gn,12}$$

$$W_{Loss} = T_\infty S_{gn,12} \tag{7.10}$$

である。以上より次の**最大仕事損失の法則**が導かれる。

「不可逆変化により，$T_\infty S_{gn,12}$ だけ最大仕事が失われる。」

つまり，不可逆変化において生成したエントロピー量 $S_{gn,12}$ に比例して最大仕事が失われる，あるいは不可逆の程度はエントロピーの生成量 $S_{gn,12}$ に比例する。

解析例 7.2：摩擦

温度 T_∞ の空気（周囲）中において，周囲と同じ温度の物体（固体）が周囲との摩擦により力学的エネルギー E_{mch} を減少させ，摩擦熱が生じた。十分時間を経た後では物体の温度は周囲と等しくなり，それらの温度上昇 ΔT は検知できないほど小さくなった。

力学的エネルギーの落差 $(-\Delta E_{mch})$ は摩擦熱として物体（系）と周囲に吸収され，両者の内部エネルギーは増加する。両者の温度上昇 ΔT が等しいとすると,

$$(mc)_{all}\,\Delta T = -\Delta E_{mch} \tag{7.11}$$

が成り立つ。ここに，$(mc)_{all}$：物体と周囲の合計の熱容量である。物体（系）と周囲を合わせたエントロピー増分は,

$$S_2 - S_1 = (mc)_{all} \ln \frac{T_\infty + \Delta T}{T_\infty} = (mc)_{all} \ln \left(1 + \frac{\Delta T}{T_\infty}\right) \tag{7.12}$$

である。

$\Delta T / T_\infty$ が十分小さい場合には，次のように近似できる。

$$\ln \left(1 + \frac{\Delta T}{T_\infty}\right) \cong \frac{\Delta T}{T_\infty} \tag{7.13}$$

よって,

$$S_2 - S_1 = -\frac{\Delta E_{mch}}{\Delta T} \ln \left(1 + \frac{\Delta T}{T_\infty}\right) \cong -\frac{\Delta E_{mch}}{T_\infty} > 0 \tag{7.14}$$

である。

物体と周囲空気を一つの系と考えると，系に熱とともに出入りするエントロピーは考慮しなくてよいので，エントロピー収支は,

$$S_{\mathrm{gn},12} = S_2 - S_1 = -\frac{\Delta E_{\mathrm{mch}}}{T_\infty} \tag{7.15}$$

である。このエントロピー生成による最大仕事の損失量は，

$$W_{\mathrm{Loss}} = T_\infty S_{\mathrm{gn},12} = -\Delta E_{\mathrm{mch}} \tag{7.16}$$

となり，最大仕事損失の式 (7.10) に帰着する。また，摩擦に伴う最大仕事の損失量は失われた力学的エネルギーに等しい。

7.2.2 温度差のある熱移動

解析例 7.3：熱交換

図 7.3（左）のように，温度 $T_{B,1}$ の固体 B（熱容量 $m_B c_B$ 一定）を温度 $T_{A,1}$ の液体 A（熱容量 $m_A c_A$ 一定）の中に入れて，両者の温度が同じ温度 T_{eq}（**最終平衡温度**）になるまで放置する。なお，両者は周囲から断熱されている。

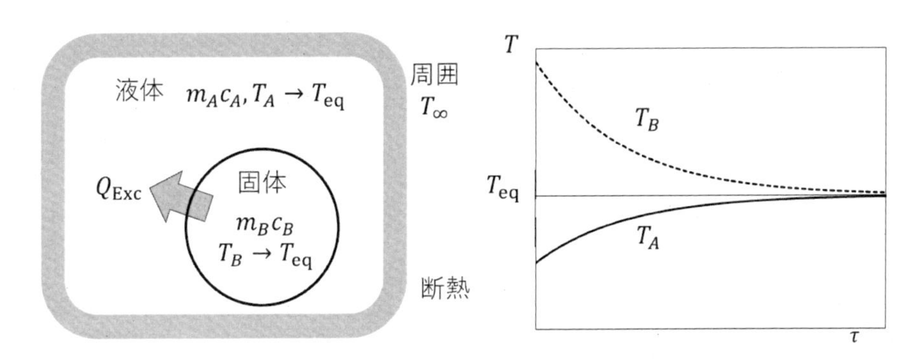

図 7.3　熱交換（左）と温度変化（右）

液体 A と固体 B の温度 T_A と T_B は図 6.3（右）のように変化し，両者の温度が最終平衡温度 T_{eq} に近づく過程では温度差のある熱交換（不可逆伝熱）が生じる。液体 A と固体 B を一つの系とすると両者の間のみでエネルギー（熱）の移動があり，系全体の内部エネルギーの変化はゼロであるので，

$$\Delta U_A + \Delta U_B = 0 \tag{7.17}$$

である。上式 (7.17) を展開すると，最終平衡温度 T_{eq} は，

$$\Delta U_A = m_A c_A (T_{\mathrm{eq}} - T_{A,1}) = -\Delta U_B = m_B c_B (T_{B,1} - T_{\mathrm{eq}})$$

$$T_{\mathrm{eq}} = \frac{m_A c_A T_{A,1} + m_B c_B T_{B,1}}{m_A c_A + m_B c_B} \tag{7.18}$$

である。

固体 B のエントロピー変化 $(S_{B,2} - S_{B,1})$ と液体 A のエントロピー変化 $(S_{A,2} - S_{A,1})$ は，次式で表される。

$$S_{B,2} - S_{B,1} = m_B c_B \ln \frac{T_{\mathrm{eq}}}{T_B} < 0 \tag{7.19}$$

$$S_{A,2} - S_{A,1} = m_A c_A \ln \frac{T_{\mathrm{eq}}}{T_A} > 0 \tag{7.20}$$

液体 A のエントロピーは増加し，固体 B のエントロピーは減少する。固体 B と液体 A は一つの系であり，系は断熱されているので，熱とともに出入りするエントロピーは考慮しなくてよい。したがってエントロピーの収支は，

$$S_{\mathrm{gn},12} = (S_{A,2} + S_{B,2}) - (S_{A,1} + S_{B,1}) = (S_{A,2} - S_{A,1}) + (S_{B,2} - S_{B,1}) \tag{7.21}$$

$$S_{\mathrm{gn},12} = m_A c_A \ln \frac{T_{\mathrm{eq}}}{T_A} + m_B c_B \ln \frac{T_{\mathrm{eq}}}{T_B} \tag{7.22}$$

である。一例として，

$m_B c_B = 5\mathrm{kJ/K}, T_B = 500\mathrm{K},$

$m_A c_A = 20\mathrm{kJ/K}, T_A = 300\mathrm{K}$

の数値を用いると，次の値が得られる。

$T_{eq} = 340\mathrm{K}$

交換熱量 $Q_{\mathrm{Exc}} = \Delta U_A = 800\mathrm{kJ}$

$S_{B,2} - S_{B,1} = -1.928\mathrm{kJ/K}$

$S_{A,2} - S_{A,1} = 2.503\mathrm{kJ/K}$

$S_{\mathrm{gn},12} = S_2 - S_1 = S_{A,2} - S_{A,1} + S_{B,2} - S_{B,1} = 0.575\mathrm{kJ/K} > 0$

熱容量の分率 $m_A c_A/(m_A c_A + m_B c_B)$ の変化に伴うエントロピー生成量 $S_{\mathrm{gn},12}$ の変化を図 7.4 に示す。いずれの分率においてもエントロピーは生成する。熱容量の分率が増加するとエントロピー生成量 $S_{\mathrm{gn},12}$ は増加し，低温物質の熱容量の分率が 1/2 よりも少し大きい所でピークを取り，その後減少する。

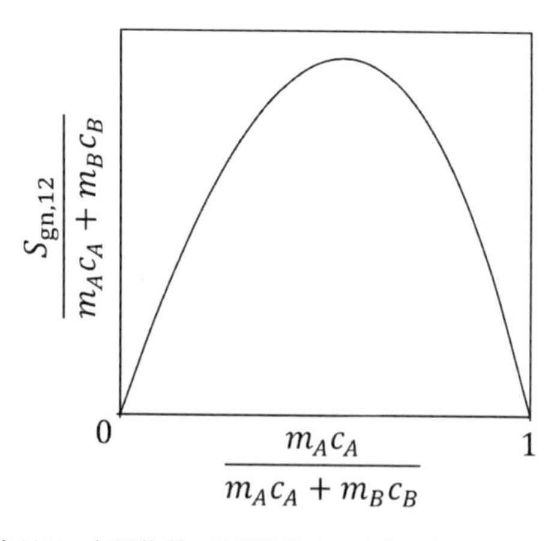

図 7.4　熱交換における，低温物質の熱容量分率の変化に伴うエントロピー生成量の変化

次に，液体 A と固体 B を合わせた系の熱交換前と後の最大仕事 $W_{\mathrm{Max},1}$ と $W_{\mathrm{Max},2}$ を考えよ

う。この系の最大仕事は液体 A と固体 B の最大仕事の和なので，

$$W_{\mathrm{Max},1} = U_{A,1} - U_{A,\infty} + U_{B,1} - U_{B,\infty} - T_\infty \left[(S_{A,1} - S_{A,\infty}) + (S_{B,1} - S_{B,\infty}) \right] \tag{7.23}$$

$$W_{\mathrm{Max},2} = U_{A,2} - U_{A,\infty} + U_{B,2} - U_{B,\infty} - T_\infty \left[(S_{A,2} - S_{A,\infty}) + (S_{B,2} - S_{B,\infty}) \right] \tag{7.24}$$

であり，両者の差は，

$$W_{\mathrm{Max},2} - W_{\mathrm{Max},1} = (U_{A,2} - U_{A,1}) + (U_{B,2} - U_{B,1}) - T_\infty \left[(S_{A,2} - S_{A,1}) + (S_{B,2} - S_{B,1}) \right]$$

である。これに式 (7.17) と式 (7.21) を代入すると，

$$W_{\mathrm{Max},2} - W_{\mathrm{Max},1} = -T_\infty S_{\mathrm{gn},12}$$

となる。つまり，不可逆変化（温度差のある熱交換）によって最大仕事は減少する。その減少量 W_{Loss} は，

$$W_{\mathrm{Loss}} = W_{\mathrm{Max},1} - W_{\mathrm{Max},2} = T_\infty S_{gn,12}$$

となって，最大仕事損失の法則の式 (7.10) に帰着する。

7.2.3 気体の混合

解析例 7.4：気体の混合

図 7.5（左）のように，体積 V の容器内が体積 V_A と $V_B = V - V_A$ の二つの部屋に分けられ，V_A の部屋にモル数 n_A の理想気体 A が，もう一方の部屋にはモル数 n_B の理想気体 B が入っている。隔壁が取り除かれて十分時間がたつと，両気体は均一に混合する。なお，この混合は定温 $\mathrm{d}T = 0$ かつ定圧 $\mathrm{d}p = 0$ で進むものとする。

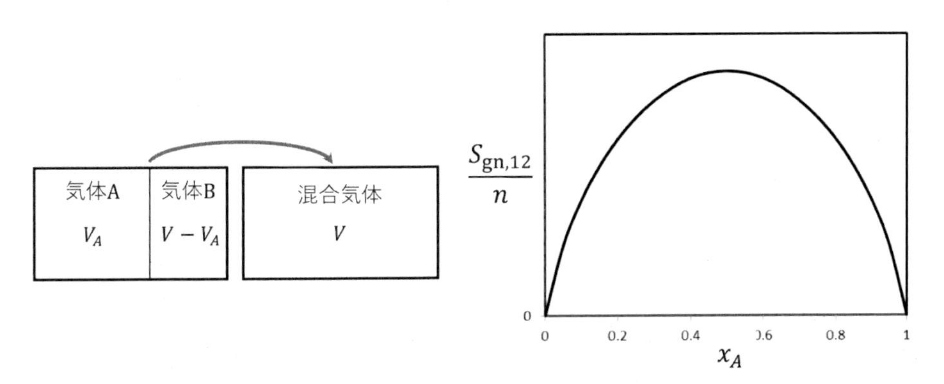

図 7.5　理想気体の混合（左）と，モル分率の変化に伴うエントロピー生成量の変化（右）

定温 $\mathrm{d}T = 0$ かつ定圧 $\mathrm{d}p = 0$ の条件と理想気体の状態式よりモル分率 x_A と x_B は体積比に等しいので，

$$x_A = \frac{n_A}{n_A + n_B} = \frac{V_A}{V} \tag{7.25}$$

$$x_B = \frac{n_B}{n_A + n_B} = \frac{V - V_A}{V} = 1 - x_A \tag{7.26}$$

である。この混合による気体 A のエントロピー変化 $S_{A,2} - S_{A,1}$ と気体 B の $S_{B,2} - S_{B,1}$ は，理想気体についてのエントロピーの式 (5.27) より，

$$\begin{aligned} S_{A,2} - S_{A,1} &= m_A c_{v,A} \ln \frac{T_2}{T_1} + m_A R_A \ln \frac{V}{V_A} = m_A R_A \ln \frac{V}{V_A} \\ &= -n_A R_0 \ln x_A = -n R_0 x_A \ln x_A \end{aligned} \tag{7.27}$$

$$\begin{aligned} S_{B,2} - S_{B,1} &= -n_B R_0 \ln (1 - x_A) \\ &= -n R_0 (1 - x_A) \ln (1 - x_A) \end{aligned} \tag{7.28}$$

である。ここに，$n = n_A + n_B$：混合気体の総モル数，$R_0 = 8.314\mathrm{J/(mol \cdot K)}$：一般気体定数である。

モル分率 x_A は常に $x_A < 1$ であり，$\ln(x_A) < 0$ より $S_{A,2} - S_{A,1} > 0$ である。同様に，$(1 - x_A) < 1$ より $S_{B,2} - S_{B,1} > 0$ である。したがって，両成分においてエントロピーは増加する。気体 A と気体 B を一つの系とすると，その系と周囲との間に熱の授受はないので，エントロピー収支は，

$$\begin{aligned} S_{\mathrm{gn},12} &= (S_{A,2} - S_{A,1}) + (S_{B,2} - S_{B,1}) \\ &= -n R_0 [x_A \ln x_A + (1 - x_A) \ln (1 - x_A)] > 0 \end{aligned}$$

$$\frac{S_{\mathrm{gn},12}}{n R_0} = -x_A \ln x_A - (1 - x_A) \ln (1 - x_A) \tag{7.29}$$

である。

モル分率 x_A の変化に伴うエントロピー生成 $S_{\mathrm{gn},12}$ の変化を図 7.5（右）に示す。いずれのモル分率 x_A においても，混合によりエントロピーが生成する。モル分率 x_A の増加とともにエントロピー生成 $S_{\mathrm{gn},12}$ は増加し，$x_A = 1/2$ のとき最大値を取り，その後減少する。その最大値は，

$$\frac{S_{\mathrm{gn},12}}{n} = R_0 \ln 2 = 5.76\mathrm{J/(mol \cdot K)}$$

である。混合による最大仕事の損失は次式で与えられる。

$$W_{\mathrm{Loss}} = T_\infty S_{\mathrm{gn},12} = -n R_0 T_\infty [x_A \ln x_A + (1 - x_A) \ln (1 - x_A)] \tag{7.30}$$

7.2.4 各種の機器のエントロピー生成

各種のエネルギー機器におけるエントロピー生成について以下に解析する。

解析例 7.5：タービン

断熱された定常流動のタービンにおいて，水蒸気が状態 (800 ℃, 10MPa) で流入し，不可逆的に断熱膨張して圧力 $p_1 = 0.1\mathrm{MPa}$ で流出する過程を考える。なお，力学的エネルギーの変化は無視できる。出力される工業仕事は，0.1MPa まで可逆的に断熱膨張する場合の 80% である。

付録 D の水蒸気表より，

$$h_1 = 4115\text{J/g},\ s_1 = 7.409\text{J/(g}\cdot\text{K)}$$

である。

可逆的に断熱膨張する場合においては，$\mathrm{d}s = 0$ より，

$$s_2 = s_1 = 7.409\text{J/(g}\cdot\text{K)}$$

である。上式の値を用いた内分の方法により，

$$t_2 = 118\ ℃,\ h_2 = 2712\text{J/g}$$

である。以上の数値を用いると，このタービンに対するエネルギー収支式より，

$$\frac{W_f}{m_f} = h_1 - h_2 = 1403\text{J/g}$$

である。

不可逆的に断熱膨張する場合においては，

$$\frac{W_f'}{m_f} = 0.8 \times \frac{W_f}{m_f} = 1123\text{J/g}$$

である。ここに，上付き添え字 ′ は不可逆変化を表す。タービンに対するエネルギー収支式より，

$$h_2' = h_1 - \frac{W_f'}{m_f} = 2992\text{J/g}$$

である。上の値を用いた内分の方法により，

$$t_2' = 259\ ℃,\ s_2' = 8.059\text{J/(g}\cdot\text{K)}$$

であり，エントロピーの収支より，

$$\frac{S_{\mathrm{gn},f}}{m_f} = s_2' - s_1 = 0.65\text{J/(g}\cdot\text{K)} > 0$$

である。ここに，$S_{\mathrm{gn},f}$：単位時間当たりのエントロピー生成量である。

周囲温度 $T_\infty = 300\text{K}$ とすると，不可逆膨張において失われる最大仕事の量は，

$$\frac{W_{\mathrm{Loss},f}}{m_f} = \frac{(W_f + W_{\mathrm{Max},f,2}) - (W_f' + W_{\mathrm{Max},f,2}')}{m_f} \tag{7.31}$$

$$\frac{W_{\mathrm{Loss},f}}{m_f} = [(h_1 - h_2) + h_2 - h_\infty - T_\infty(s_1 - s_\infty)] - [(h_1 - h_2') + h_2' - h_\infty - T_\infty(s_2' - s_\infty)]$$

$$= T_\infty(s_2' - s_1) = \frac{T_\infty S_{\mathrm{gn},f}}{m_f} = 195\text{J/g}$$

となり，最大仕事の損失 $W_{\mathrm{Loss},f}$ はエントロピー生成量 $S_{\mathrm{gn},f}$ に比例する。ここに，$W_{\mathrm{Max},f,2}$ または $W_{\mathrm{Max},f,2}'$：可逆または不可逆断熱膨張後の質量 m_f の水蒸気の最大仕事である。

解析例 7.6：熱機関

高温で熱を吸収し，それを万能エネルギーに変換し出力する機械やプラントを熱機関といい，車を駆動するレシプロエンジンや発電所における蒸気タービンプラントなどがその例である。熱機関に出入りするエネルギーを網羅したものを図 7.6（左）に示す。

熱機関は高温 T_H で熱 $Q_{H,f}$ を吸熱し，低温 $T_L\,(<T_H)$ で熱 $\left(-Q_{f,L}\right)$ を放出し，万能エネルギー（仕事）W_f を出力する。同図より，熱機関に対するエネルギー収支は，

$$Q_{H,f}-\left(-Q_{L,f}\right)=W_f \tag{7.32}$$

と表せる。

可逆熱機関

エントロピー生成のない熱機関を可逆熱機関と呼ぶ。熱機関に出入りするエントロピーを図 7.6（右）に示す。可逆熱機関においては $S_{\mathrm{gn},f}=0$ であり，そのエントロピー収支は，

$$\int\frac{\delta Q_{H,f}}{T_H}=-\int\frac{\delta Q_{L,f}}{T_L}$$

である。熱機関が温度 T_H 一定で吸熱し，かつ温度 T_L 一定で放熱すると想定すると，

$$\frac{Q_{H,f}}{T_H}=\frac{-Q_{L,f}}{T_L} \tag{7.33}$$

である。上式 (7.33) とエネルギー収支式 (7.32) より，

$$\frac{W_f}{Q_{H,f}}=1-\frac{T_L}{T_H} \tag{7.34}$$

となる。

不可逆熱機関

次に，同じ熱量 $Q_{H,f}$ を吸収する不可逆熱機関について解析する。可逆熱機関の出力仕事 W_f に対する不可逆熱機関の出力仕事 W'_f の割合を $W'_f/W_f=x_W<1$ とおくと，

$$W'_f=x_W W_f=x_W Q_{H,f}\left(1-\frac{T_L}{T_H}\right) \tag{7.35}$$

である。不可逆熱機関のエネルギー収支は，

$$Q_{H,f}-\left(-Q'_{L,f}\right)=W'_f=x_W Q_{H,f}\left(1-\frac{T_L}{T_H}\right)$$

$$-Q'_{L,f}=\left(1-x_W+x_W\frac{T_L}{T_H}\right)Q_{H,f} \tag{7.36}$$

である。ここに，$-Q'_{L,f}$：不可逆熱機関の放熱量である。図 7.6（右）において $Q_{L,f}\to Q'_{L,f}$ とおくことにより，次の不可逆熱機関のエントロピー収支式が得られる。

$$S_{\mathrm{gn},f}=\left(-\frac{Q'_{f,L}}{T_L}\right)-\frac{Q_{H,f}}{T_H}=(1-x_W)\,Q_{H,f}\left(\frac{1}{T_L}-\frac{1}{T_H}\right)>0 \tag{7.37}$$

不可逆熱機関においてはエントロピーが生成され，その生成量は上式 (7.37) から算出できる。

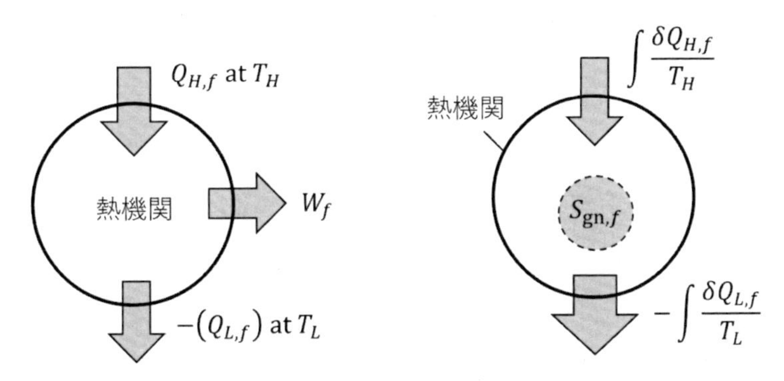

図 7.6　熱機関のエネルギー収支（左）とエントロピー収支（右）

7.3　章末問題

問 7.1　25 ℃の大気中で，速度 $\omega_1 = 960\mathrm{m/s}$ の弾丸 $m = 4\mathrm{g}$ が，その運動エネルギーを全て失い大気の内部エネルギーに変換されたが，その温度上昇は十分小さかった。弾丸の内部エネルギーの変化とポテンシャルネルギーの変化は無視できるとして，弾丸が失った運動エネルギー $(-\Delta E_{\mathrm{mch}})$，大気のエントロピーの増分 ΔS と最大仕事の損失量 W_{Loss} を求めよ。

問 7.2　図 7.7 のように，電気ヒーターを用いて液体を加熱する。液体は断熱されており，ヒーターの消費電力は 1.0kWh，液体の加熱前温度 $t_1 = 20$ ℃，液体の熱容量 $mc = 50\mathrm{kJ/K}$，周囲温度は $t_\infty = 20$ ℃である。ヒーターの熱容量は無視できるとして，加熱後の液体の温度 t_2，エントロピー生成量 $S_{\mathrm{gn},12}$，最大仕事の損失量 W_{Loss} を求めよ。

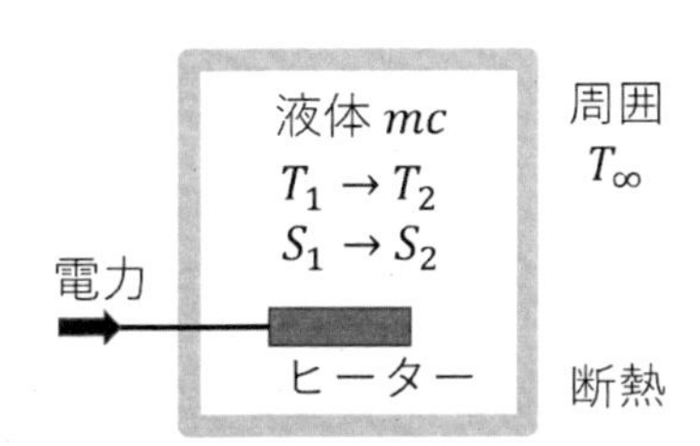

図 7.7　電気ヒーターによる加熱

問 7.3　工業仕事を出力しない，定常流動の断熱された流路において，水蒸気が状態 (400 ℃, 20MPa) で流入し，比エンタルピー一定（$\mathrm{d}h = 0$）を保って降圧し，$p_2 = 0.1\mathrm{MPa}$ で流出する。流出する水蒸気の温度 t_2 と比エントロピーの増分 Δs，流入出する水蒸気の単位質量当たりのエントロピー生成量 $s_{\mathrm{gn},12}$ と最大仕事の損失量 $W_{\mathrm{Loss},f}/m_f$ を求めよ。周囲温度は $t_\infty = 27$ ℃一定とする。なお，このエントロピー生成は流路内での流動摩擦による。

問 7.4　周囲温度 $t_\infty = 30$ ℃一定の空気中において，0 ℃の氷 1g が周囲空気から吸熱し融解して水に変化しさらに 30 ℃まで昇温する過程を考える。融解熱は 334J/g であり，水の比熱は 4.2J/(g · K) 一定である。氷（水）吸熱量 Q_{Exc}，氷（水）と周囲空気それぞれのエントロピー増分 $\Delta S_L, \Delta S_H$，およびエントロピー生成量 $S_{\mathrm{gn},12}$ と最大仕事の損失量 W_{Loss} を求めよ。

問 7.5　温度 200 ℃の固体（熱容量 10J/K）を温度 20 ℃の液体（熱容量 15J/K）の中に入れて，両者が同じ温度（最終平衡温度 T_{eq}）になるまで放置した。周囲温度 $t_\infty = 20$ ℃，固体と液体を一つとする系は断熱されているとして，最終平衡温度 T_{eq}，固体から液体に移動したエネルギー Q_{Exc}，固体と液体のそれぞれのエントロピー増分 ΔS_S と ΔS_L，系のエントロピー生成量 $S_{\mathrm{gn},12}$，熱交換による系の最大仕事の損失量 W_{Loss} の値を求めよ。

問 7.6　熱交換器において，高温流体と低温流体が同じ向きに流れる場合を並流，互いに逆向きの場合を向流という（図 7.8）。周囲と断熱された並流型熱交換器において，高温流体の流入温度 $t_{H,1} = 200$ ℃，流出温度 $t_{H,2} = 168.3$ ℃，低温流体の流入温度 $t_{L,1} = 100$ ℃である。また，高温流体の流量と比熱の積 $(m_f c)_H = 20\mathrm{W/K}$ 一定，低温流体の流量と比熱の積 $(m_f c)_L = 10\mathrm{W/K}$ 一定である。単位時間当たりの両流体間の熱交換量 $Q_{\mathrm{Exc},f}$，低温流体の流出温度 $t_{L,2}$，単位時間当たりの両流体のエントロピー増分 $\Delta S_{H,f}$ と $\Delta S_{L,f}$，およびエントロピー生成量 $S_{\mathrm{gn},f}$ を求めよ。

また，向流型熱交換器を用いると，他の値が同じ場合，高温流体の流出温度は $t_{H,2} = 161.3$ ℃に低下した。並流型と同じ問いに答えよ。最後に，どちらの型の交換熱量が多く，エントロピー生成量が少ないかを答えよ。

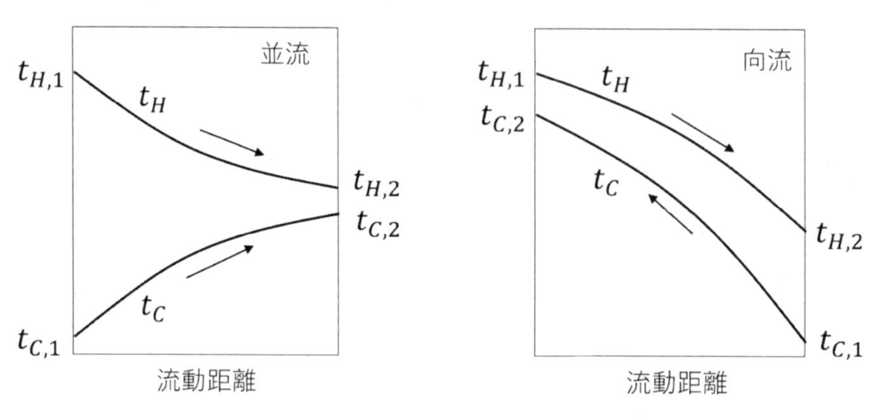

図 7.8　並流（左）と向流（右）の熱交換器内の流体の温度分布

問 7.7　温度 300K，圧力 100kPa において，80L（リットル）の酸素と 120L の窒素が，定温かつ定圧で混合して 200L の混合気体になった。周囲温度を $T_\infty = 300\mathrm{K}$，酸素と窒素を一つの系として，混合気体のモル数 n と酸素のモル分率 $x_{\mathrm{O_2}}$，混合によるエントロピー生成量 $S_{\mathrm{gn},12}$，最大仕事の損失量 W_{Loss} を求めよ。

問 7.8 断熱された定常流動のタービンにおいて，空気が状態 (1200K, 10MPa) で流入し，不可逆的に断熱膨張して圧力 $p_2 = 0.1\mathrm{MPa}$ で流出する。なお，力学的エネルギーの変化は無視できる。出力される工業仕事 W'_f は，0.1MPa まで可逆的に断熱膨張する場合の 80% である。空気を理想気体として，可逆タービンの流出温度 T_2，流入出する空気の単位質量当たりの工業仕事 W_f/m_f，および不可逆タービンの流出温度 T'_2，エントロピー生成量 $S_{\mathrm{gn},f}/m_f$ を求めよ。ここに，m_f：空気の流量である。

問 7.9 高温液体を熱源とする熱機関において，$(m_f c)_H$ 一定の高温液体が温度 $T_{H,1}$ で流入，$T_{H,2}$ で流出し，高温液体が失う熱量 $Q_{H,f}$ は全て熱機関が吸収する。同時に，熱機関は低温度 T_L 一定で熱 $(-Q_{L,f})$ を放出する。この熱機関が可逆熱機関であるとして以下の式を導け。

$$\frac{W_f}{Q_{H,f}} = 1 - \frac{T_L}{T_{H,1} - T_{H,2}} \ln \frac{T_{H,1}}{T_{H,2}}$$

また，この熱機関が不可逆熱機関であるとし，その出力仕事 $W'_f = x_W W_f, (x_W < 1)$ として，以下の式を導け。

$$S_{\mathrm{gn},f} = (m_f c)_H (1 - x_W) \left(\frac{T_{H,1} - T_{H,2}}{T_L} - \ln \frac{T_{H,1}}{T_{H,2}} \right)$$

付録

付録A　理想気体の状態式と内部エネルギー

理想気体とは，構成する分子群をランダムに飛び回る質点（体積のない質量）の集まりとし，分子間に何らの引力が働かないと想定される気体である。したがって，分子間ポテンシャルエネルギーは発生せず，並進運動の微視的運動エネルギーのみを考慮すればよい。

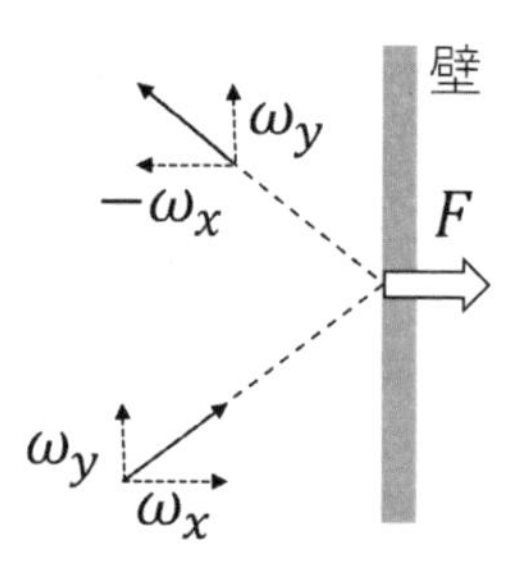

図 A.1　分子の運動と圧力

図 A.1 のように，速度 ω（その x 方向の速度成分 ω_x）で質量 m_i の理想気体分子が時間間隔 $\Delta\tau$ で面積 A の壁に衝突すると想定すると，運動量と力積の関係より，

$$2m_i\omega_x = F\Delta\tau = \frac{F}{A}A\Delta\tau$$

である。ここに，F：壁が受ける反力である。圧力 p とは分子が壁に衝突したときに壁が受ける単位面積当たりの平均の力 $p = F/A$ なので，

$$2m_i\omega_x = pA\Delta\tau$$

$$p = \frac{2m_i\omega_x}{A\Delta\tau} \tag{A.1}$$

である。分子の衝突頻度は衝突間隔の逆数 $1/\Delta\tau$ であり，分子の数密度と壁の面積および分子の速度に比例する。体積 V 中に分子数 N が存在するとき分子数密度は N/V であり，衝突頻度 $1/\Delta\tau$ は，

$$\frac{1}{\Delta\tau} = \frac{1}{2} \times \frac{N}{V}A\omega_x$$

である。これを圧力の式 (A.1) に代入すると，

$$pV = 2N\left(\frac{1}{2}m_i\omega_x^2\right) \tag{A.2}$$

となる。

絶対温度 T は分子の運動エネルギーに比例するので，

$$\frac{1}{2}m_i\omega_x^2 = \frac{1}{2}kT \tag{A.3}$$

である。ここに，k:ステファン・ボルツマン定数であり，一般気体定数 R_0 との関係は $R_0 = 6.0 \times 10^{23}k = 8.314\mathrm{J/(mol \cdot K)}$ である。

式 (A.2) と式 (A.3) を展開すると，次の状態式を得る。

$$pV = NkT = nR_0T$$

ここに，n:モル数 [mol] である。

なお，多くの分子は複雑な形状を持ち回転しているので，並進運動のエネルギーに加え回転運動のエネルギーも保有する。理想気体の内部エネルギー U は個々の分子のそれらのエネルギーの総和であり，次式が成り立つ。

$$U = N\left(\frac{\nu}{2}m_i\omega_x^2\right) = \frac{\nu}{2}NkT = \frac{\nu}{2}nR_0T$$

ここに，ν：分子運動の自由度と呼ばれ，以下の値をとる。

He などの単原子分子では $\nu \cong 3$,

H_2 などの 2 原子分子では $\nu \cong 5$,

CH_4 や H_2O などの多原子分子では $\nu \geq 6$

以上より，理想気体においては，絶対温度 T は分子の運動エネルギーに比例する。また，内部エネルギー U は個々の分子の並進と回転の運動エネルギーの総和である。

付録 B　気体のモル質量，比熱比，気体定数，定積比熱，定圧比熱

代表的な気体のモル質量，比熱比，気体定数，定積比熱，定圧比熱を以下の表に示す。

気体	モル質量 M [g/mol]	比熱比 κ	気体定数 R [J/(g·K)]	定積比熱 c_v [J/(g·K)]	定圧比熱 c_p [J/(g·K)]
ヘリウム He	4.003	1.666	2.077	3.119	5.195
水素 H_2	2.016	1.405	4.124	10.183	14.307
窒素 N_2	28.013	1.399	0.297	0.744	1.041
酸素 O_2	31.999	1.397	0.260	0.654	0.914
空気	28.970	1.399	0.287	0.719	1.006
二酸化炭素 CO_2	44.010	1.286	0.189	0.661	0.849
水蒸気 H_2O	18.015	1.300	0.462	1.538	2.000

表中の水蒸気（H_2O）の比熱比 κ の値は状態 (127 ℃, 101.3kPa) における値であり，その他の気体については状態 (25 ℃, 101.3kPa) における値である。また，一般気体定数 $R_0 = 8.314\mathrm{J/(mol\cdot K)}$ である。この表より，以下のことが読み取れる。

- 全ての気体において，$\kappa > 1$（すなわち，$c_p > c_v$）
- 単原子分子の He と Ar：$\kappa \cong 5/3$
- 2 原子分子の H_2，N_2 等：$\kappa \cong 7/5 = 1.4$
- 3 原子以上の化合分子：$\kappa = 1.18 \sim 1.3$

付録C　ポリトロープ変化

C.1 理想気体のポリトロープ変化（可逆断熱変化）の式 $pv^\kappa = C$ の導出

以下に可逆変化のエネルギー保存の式 (2.16) を再掲する。

$$\delta q = \mathrm{d}u + p\mathrm{d}v \tag{2.16}$$

断熱変化より $\delta q = 0$ であり，それを代入すると，

$$\mathrm{d}u + p\mathrm{d}v = 0$$

となり，理想気体の式 $\mathrm{d}u = c_v \mathrm{d}T$ を代入すると，

$$c_v \mathrm{d}T + p\mathrm{d}v = 0$$

となる。これを理想気体の状態式 $pv = RT$ および比熱の式 $c_v = R/(\kappa - 1)$ を用いて整理すると，

$$\frac{\mathrm{d}T}{T} + (\kappa - 1)\frac{\mathrm{d}v}{v} = 0$$

となり，これを積分して展開すると，

$$\int \frac{\mathrm{d}T}{T} + (\kappa - 1)\int \frac{\mathrm{d}v}{v} = C\ (\text{定数})$$

$$\ln T + (\kappa - 1)\ln v = C$$

$$\ln\left(Tv^{\kappa-1}\right) = C = \ln e^C = \ln C^*$$

$$Tv^{\kappa-1} = C^*(\text{一定}) \tag{4.17}$$

が得られる。上式 (4.17) と状態式 $pv = RT$ より，次式が導かれる。

$$pv^\kappa = C\ (\text{一定}) \tag{4.16}$$

$$\frac{T}{p^{(\kappa-1)/\kappa}} = C\ (\text{一定}) \tag{4.18}$$

C.2 $n = \infty$ のポリトロープ変化

ポリトロープ変化の式は，次の通りである。

$$pv^n = C \tag{2.23}$$

両辺それぞれの $1/n$ 乗をとると，

$$(pv^n)^{1/n} = C^{1/n}$$

$$vp^{1/n} = C^{1/n} = C^*$$

である。$n = \infty$ では $1/n = 0$ より，

$v = C^*$（一定）

である。

C.3 理想気体の状態変化とポリトロープ指数および比熱

理想気体の状態変化に対するポリトロープ指数 n および比熱 c_n を以下の表に示す。

状態変化	ポリトロープ指数 n	比熱 c_n
定積変化 $\mathrm{d}v = 0$	$n = \infty$	$c_n = c_v = \dfrac{R}{\kappa - 1}$
定圧変化 $\mathrm{d}p = 0$	$n = 0$	$c_n = c_p = \dfrac{\kappa R}{\kappa - 1}$
定温変化 $\mathrm{d}T = 0$	$n = 1$	$c_n = \infty$
断熱変化 $\mathrm{d}s = 0$	$n = \kappa$	$c_n = 0$
ポリトロープ変化	n	$c_n = \dfrac{(n - \kappa)R}{(\kappa - 1)(n - 1)}$

付録 D　水蒸気の比体積，比内部エネルギー，比エンタルピー，比エントロピー

水蒸気の比体積 v，比内部エネルギー u，比エンタルピー h，比エントロピー s の値を以下の表に示す。

水蒸気の v [cm^3/g] と u [J/g] と h [J/g] と s [J/(g*K)]

圧力 MPa	温度 [℃]															
	100				200				300				400			
	v	u	h	s	v	u	h	s	v	u	h	s	v	u	h	s
0.1	1696	2506	2676	7.316	2173	2658	2875	7.836	2639	2811	3075	8.217	3103	2969	3279	8.545
1	液				206	2622	2828	6.696	258	2794	3052	7.125	307	2957	3264	7.467
5	液				液				45.3	2700	2926	6.211	57.8	2908	3197	6.648
10	液				液				液				26.4	2833	3097	6.214
15	液				液				液				15.7	2741	2976	5.882
20	液				液				液				9.95	2618	2817	5.553

圧力 MPa	温度 [℃]															
	500				600				700				800			
	v	u	h	s	v	u	h	s	v	u	h	s	v	u	h	s
0.1	3566	3132	3489	8.836	4028	3303	3706	9.1	4490	3480	3929	9.342	4952	3665	4160	9.568
1	354	3125	3479	7.764	401	3298	3699	8.031	448	3476	3924	8.276	494	3662	4156	8.502
5	68.6	3091	3434	6.978	78.7	3276	3669	7.26	88.5	3458	3900	7.514	98.2	3647	4138	7.746
10	32.8	3047	3375	6.599	38.4	3242	3626	6.905	43.6	3434	3870	7.17	48.6	3629	4115	7.409
15	20.8	2999	3311	6.348	24.9	3212	3585	6.68	28.6	3410	3839	6.958	32.1	3610	4091	7.204
20	14.8	2945	3241	6.145	18.2	3175	3539	6.508	21.1	3386	3808	6.799	23.9	3590	4068	7.053

表中の比内部エネルギー u，比エンタルピー h，比エントロピー s の値は，状態

(273K, 101.3kPa) における水（液）をゼロとし，それを基準とした値である。なお，文献 [3] などでは比体積 v，圧力 p，比エンタルピー h のみが与えられている場合が多く，比内部エネルギー u は次の式から算出される。

$$u = h - pv \tag{3.2}$$

付録E　各種化学種の標準生成比エンタルピー，絶対比エントロピー，標準生成自由エネルギー

種々の単体および化合物の標準生成比エンタルピー h，絶対比エントロピー s，標準生成自由エネルギー g の値を以下の表に示す。

名称	化学式	標準生成比エンタルピー h [kJ/mol]	絶対比エントロピー s [J/mol]	標準生成自由エネルギー g [kJ/mol]
グラファイト（固体）	C	0.0	5.7	0.0
水素	H_2	0.0	130.6	0.0
窒素	N_2	0.0	191.6	0.0
酸素	O_2	0.0	205.0	0.0
一酸化炭素	CO	−110.5	197.7	−137.2
二酸化炭素	CO_2	−393.5	213.6	−394.4
一酸化窒素	NO	90.3	210.8	86.6
水蒸気（気体）	H_2O	−241.8	188.7	−228.6
水（液体）	H_2O	−285.8	69.9	−237.2
過酸化水素水	H_2O_2	−136.3	232.6	−105.6
アンモニア	NH_3	−46.2	192.3	−16.6
メタン	CH_4	−74.9	186.2	−50.8
アセチレン	C_2H_2	226.7	200.9	209.2
エチレン	C_2H_4	52.3	219.8	68.0
エタン	C_2H_6	−84.7	229.5	−32.9
プロピレン	C_3H_6	20.4	266.9	62.7
プロパン	C_3H_8	−103.9	269.9	−23.5
ベンゼン	C_6H_6	82.9	269.2	129.7
メチルアルコール	CH_3OH	−200.7	239.7	−162.0
エチルアルコール	C_2H_5OH	−235.3	282.6	−188.3

表中の数値は状態 (298K, 0.1MPa) における値である。また，固体または液体の指定のないものは気体である。同表の出典は，参考文献 [4] である。

なお，標準生成比エンタルピー h と絶対比エントロピー s のみが与えられている場合，標準生成自由エネルギー g は次の例のように算出される。

例： NH_3

NH_3 の 1mol を単体から合成する化学反応式は,

$$0.5N_2 + 1.5H_2 \rightarrow NH_3$$

である。この反応式より，

$$g_{NH_3} = h_{NH_3} - T(s_{NH_3} - 0.5s_{N_2} - 1.5s_{H_2})$$

となる。表の数値を用いると，次の自由エネルギーの値が得られる。

$$g_{NH_3} = h_{NH_3} - T(s_{NH_3} - 0.5s_{N_2} - 1.5s_{H_2}) = -16.6\mathrm{kJ/mol}$$

章末問題の略解

第1章

問 1.1　$p = 15.19\text{kPa}$

問 1.2　$p - p_\infty = 13.3\text{kPa}, p = 114.6\text{kPa}$

問 1.3　$v = 858\text{cm}^3/\text{g}$

問 1.4　$a = 0.3\colon \Delta u = q_{12} = 215\text{J}/\text{g}, a = 1\colon \Delta u = q_{12} = 220\text{J}/\text{g}$

問 1.5　$\Delta u = 4.2\text{J}/\text{g}, 0.5\Delta(\omega^2) = 0.198\text{J}/\text{g}, g\Delta z = -0.196\text{J}/\text{g}$

第2章

問 2.1　$W_{\text{gn},12} = 980\text{J}$

問 2.2　$-W_{\text{tr},12} = -W_{\text{gn},12} = 13.89\text{ MJ}, \Delta U = 9.30\text{ MJ}, -Q_{12} = 4.59\text{ MJ}$

問 2.3　$\Delta u = 1159\text{J}/\text{g}, w_{\text{gn},12} = W_{\text{tr},12}/m = 326\text{J}/\text{g}, q_{12} = 1485\text{J}/\text{g}$

問 2.4　$n = 1.391, w_{\text{gn},12} = W_{\text{tr},12}/m = 696\text{J}/\text{g}, q_{12} = -272\text{J}/\text{g}$

問 2.5　$t_2 = 460.5\ ℃, w_{\text{gn},12} = W_{\text{tr},12}/m = 391\text{J}/\text{g}, q_{12} = -180\text{J}/\text{g}$

問 2.6　$\Delta u = 245\text{J}/\text{g}, w_{\text{gn},12} = W_{\text{tr},12}/m = -290\text{J}/\text{g}, q_{12} = -45\text{J}/\text{g}$

第3章

問 3.1　$v = 68.6\text{cm}^3/\text{g}, m_f = 29.2\text{ kg}/\text{s}, m_f h = 100\text{ MW}\ , m_f pv = 10.0\text{ MW}$

問 3.2　$\Delta h = -0.48\text{J}/\text{g}, q_{12} = -0.28\text{J}/\text{g}, w_{\text{gn},12} = -0.70\text{J}/\text{g}$

問 3.3　$w_{\text{gn},12} = 233\text{J}/\text{g}, q_{12} = 1030\text{J}/\text{g}, W_f/m_f = 0, c_p = 2.06\text{J}/(\text{g}\cdot\text{K})$

問 3.4　$w_{\text{gn},12} = 288\text{J}/\text{g}, \Delta e_{\text{mch}} = 58\text{J}/\text{g}, W_f/m_f = 318\text{J}/\text{g}, c_p = 2.06\text{J}/(\text{g}\cdot\text{K})$

問 3.5　$p_2 = 11.0\text{MPa}, u_2 = 3625\text{J}/\text{g}, h_2 = 4110\text{J}/\text{g}, q_{12} = 925\text{J}/\text{g}, W_f/m_f = -259\text{J}/\text{g}$

問 3.6　$n = 1.239, w_{\text{gn},12} = -291\text{J}/\text{g}, q_{12} = -46\text{J}/\text{g}, W_f/m_f = -361\text{J}/\text{g}$

問 3.7　略解：

エネルギー収支は，$h\,(m_1 - m_2) + m_2 u_2 - m_1 u_1 = 0$

$\mathrm{d}u = u_2 - u_1, \mathrm{d}m = m_2 - m_1$ とおき，$u_2 = u_1 + \mathrm{d}u$，$m_2 = m_1 + \mathrm{d}m$ を代入して整理すると，

$$-h\mathrm{d}m + u_1\mathrm{d}m + m_1\mathrm{d}u + \mathrm{d}u\mathrm{d}m = 0$$

二次の微小項を無視し，$u_1 = u$，$m_1 = m$ とおき，$h = u + pv$ を代入して整理すると，

$$\mathrm{d}u = pv\frac{\mathrm{d}m}{m}$$

$m = \frac{V}{v}$ の微分形は $\mathrm{d}m = -\frac{V}{v^2}\mathrm{d}v$，両式を代入し整理すると，

$$-\mathrm{d}u = p\mathrm{d}v$$

初期状態 0 から任意の状態まで積分すると，

$$u_0 - u = \int_{v_0}^{v} p\mathrm{d}v$$

第4章

問 4.1 $R = 0.287\mathrm{J/(g \cdot K)}, c_v = 0.719\mathrm{J/(g \cdot K)}, c_p = 1.006\mathrm{J/(g \cdot K)}, \epsilon_v = 20.8\mathrm{J/(mol \cdot K)}, \epsilon_p = 29.2\mathrm{J/(mol \cdot K)}, m = 2.32\mathrm{g}, n = 0.0802\mathrm{mol}, V_2 = 80\mathrm{cm}^3, \Delta u = 216\mathrm{J/g}, \Delta h = 302\mathrm{J/g}$

問 4.2 (1) と (2)：下図参照，(3) 膨張仕事 $w_{gn,12}$の小さい順から：a < d < c < e < b, (4) 昇温過程: b&e, 吸熱過程: b&e&c

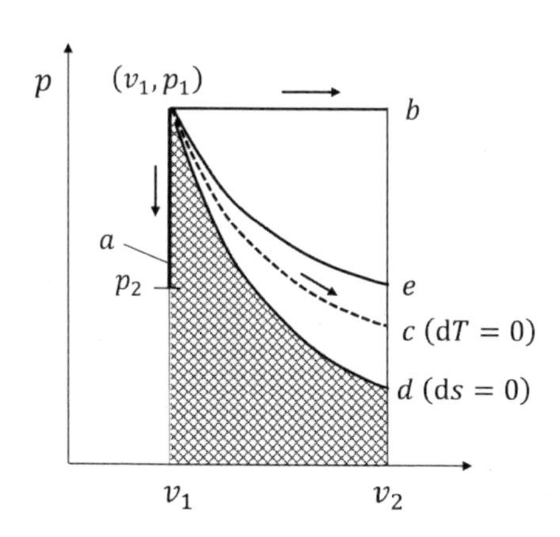

問 4.3 $w_{\mathrm{gn},12} = W_{\mathrm{tr},12}/m = 143\mathrm{J/g}, q_{12} = 503\mathrm{J/g}$

問 4.4 $p_2 = 9.36\mathrm{MPa}, w_{\mathrm{gn},12} = 0, q_{12} = 360\mathrm{J/g}, W_f/m_f = -143\mathrm{J/g}$

問 4.5 $w_{\mathrm{gn},12} = q_{12} = W_{\mathrm{tr},12}/m = 172\mathrm{J/g}$

問 4.6 $n = 1.275, w_{\mathrm{gn},12} = -208\mathrm{J/g}, q_{12} = -65\mathrm{J/g}, W_f/m_f = -266\mathrm{J/}$

問 4.7 $\omega_2' = 284\mathrm{m/s}, w_{\mathrm{gn},12}' = 29\mathrm{J/g}, t_2 = 335\ ^\circ\mathrm{C}, \omega_2 = 362\mathrm{m/s}, w_{\mathrm{gn},12} = 47\mathrm{J/g}$

問 4.8 $n = 14.03\mathrm{mol}, M = 7.22\mathrm{g/mol}, \epsilon_p = 28.9\mathrm{J/(mol \cdot K)}, m\Delta h = 4.06\mathrm{kJ}$

第5章

問 5.1 $t_2 = 761\ ^\circ\mathrm{C}$, $\Delta u = -w_{\mathrm{gn},12} = 1047\mathrm{J/g}, W_f/m_f = -1344\mathrm{J/g}$（入力）

問 5.2 $\Delta u = -61\mathrm{J/g}, q_{12} = -1277\mathrm{J/g}, W_{\mathrm{tr},12}/m = -1216\mathrm{J/g}$（入力）

問 5.3 (1)$c_p = 3.13\mathrm{J/(g \cdot K)}, q_{12} = 1251\mathrm{J/g}$, (2)$c_n = 3.22\mathrm{J/(g \cdot K)}, q_{12} = 1286\mathrm{J/g}$

問 5.4 $c_n = -0.483\mathrm{J/(g \cdot K)}$, $q_{12} = -242\mathrm{J/g}, w_{\mathrm{gn},12} = -978\mathrm{J/g}, W_f/m_f = -1192\mathrm{J/g}$（入力）

問 5.5 $q_{12} = -256\mathrm{J/g}, w_{\mathrm{gn},12} = -992\mathrm{J/g}, W_f/m_f = -1206\mathrm{J/g}$（入力）

問 5.6 (1)：下図参照, (2)：(c) < (d) < (a) < (b) < (e)

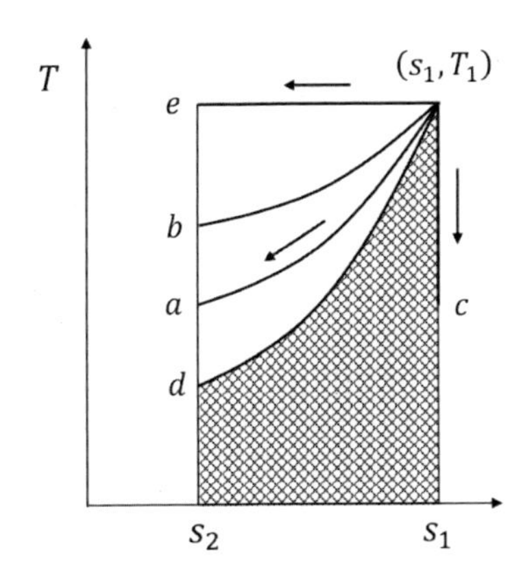

問 5.7 $T_2 = 422\mathrm{K}, c_n = 0.267\mathrm{J}/(\mathrm{g}\cdot\mathrm{K}),\ q_{12} = -154\mathrm{J}/\mathrm{g}, w_{\mathrm{gn},12} = 308\mathrm{J}/\mathrm{g}, W_f/m_f = 493\mathrm{J}/\mathrm{g}$

問 5.8 $q_{12} = \Delta u = 220\mathrm{J}/\mathrm{g}, \Delta s = 0.687\mathrm{J}/(\mathrm{g}\cdot\mathrm{K})$

第6章

問 6.1 $u_1 - u_\infty = 0, s_1 - s_\infty = -1.310\mathrm{J}/(\mathrm{g}\cdot\mathrm{K}), W_{\mathrm{Max}}/m = 393\mathrm{J}/\mathrm{g}, W_{\mathrm{Max,avl}}/m = 299\mathrm{J}/\mathrm{g}$

問 6.2 $u_1 - u_\infty = -279\mathrm{J}/\mathrm{g},\ s_1 - s_\infty = -1.211\mathrm{J}/(\mathrm{g}\cdot\mathrm{K}),\ W_{\mathrm{Max}}/m = 84\mathrm{J}/\mathrm{g}$

問 6.3 $u_1 - u_\infty = 3477\mathrm{J}/\mathrm{g},\ s_1 - s_\infty = 6.657\mathrm{J}/(\mathrm{g}\cdot\mathrm{K}),\ W_{\mathrm{Max}}/m = 1480\mathrm{J}/\mathrm{g},\ W_{\mathrm{Max,avl}}/m = 1482\mathrm{J}/\mathrm{g}$

問 6.4 $u_1 - u_\infty = 2290\mathrm{J}/\mathrm{g},\ s_1 - s_\infty = 8.014\mathrm{J}/(\mathrm{g}\cdot\mathrm{K}),\ W_{\mathrm{Max}}/m = -138\mathrm{J}/\mathrm{g},\ W_{\mathrm{Max,avl}}/m = 3150\mathrm{J}/\mathrm{g}$

問 6.5 $u_1 - u_\infty = -507\mathrm{J}/\mathrm{g},\ s_1 - s_\infty = -1.852\mathrm{J}/(\mathrm{g}\cdot\mathrm{K}),\ W_{\mathrm{Max}}/m = 48\mathrm{J}/\mathrm{g}$

問 6.6 (1) : $C_2H_2 + 3H_2 \rightarrow 2CH_4, -Q_{\mathrm{chm}}/n_{H_2O_2} = 376\mathrm{J}/\mathrm{mol}_{C_2H_2}, W_{\mathrm{chm,Max}}/n_{H_2O_2} = 311\ \mathrm{kJ}/\mathrm{mol}_{C_2H_2}$

(2) : $CO + 2H_2 \rightarrow CH_3OH, -Q_{\mathrm{chm}}/n_{CH_3OH} = 90.1\ \mathrm{kJ}/\mathrm{mol}_{CH_3OH}, W_{\mathrm{chm,Max}}/n_{CH_3OH}$
$= 24.9\ \mathrm{kJ}/\mathrm{mol}_{CH_3OH}$

(3) : $0.5N_2 + 1.5H_2 \rightarrow NH_3, -Q_{\mathrm{chm}}/n_{NH_3} = 46.2\ \mathrm{kJ}/\mathrm{mol}_{NH_3}, W_{\mathrm{chm,Max}}/n_{NH_3}$
$= 16.6\ \mathrm{kJ}/\mathrm{mol}_{NH_3}$

問 6.7 $W_{\mathrm{chm,Max}}/n_{H_2} = 229\ \mathrm{kJ}/\mathrm{mol}_{H_2}, -Q_{\mathrm{Min}}/n_{H_2} = 13.2\ \mathrm{kJ}/\mathrm{mol}_{H_2}, -Q_{12}/n_{H_2} = 81.8\ \mathrm{kJ}/\mathrm{mol}_{H_2}$

第7章

問 7.1 $\Delta S = 6.185\mathrm{J}/\mathrm{K}, -\Delta E_{\mathrm{mch}} = W_{\mathrm{Loss}} = 1843\mathrm{J}$

問 7.2 $t_1 = 92\ ℃, S_{\mathrm{gn},12} = 10.99\mathrm{kJ}/\mathrm{K}, W_{\mathrm{Loss}} = 3219\mathrm{kJ}$

問 7.3 $t_2 = 171\ ℃, \Delta s = s_{\mathrm{gn},12} = 2.131\mathrm{J}/(\mathrm{g}\cdot\mathrm{K}), W_{\mathrm{Loss},f}/m_f = 639\mathrm{J}/\mathrm{g}$

問 7.4 $Q_{\mathrm{Exc}} = 460\mathrm{J}, \Delta S_L = 1.661\mathrm{J}/\mathrm{K}, \Delta S_{H(S)} = -1.518\mathrm{J}/\mathrm{K}, S_{\mathrm{gn},12} = 0.143\mathrm{J}/\mathrm{K}, W_{\mathrm{Loss}} = 43.4\mathrm{J}$

問 7.5　$T_{\mathrm{eq}} = 92$ ℃, $Q_{\mathrm{Exc}} = 1080\mathrm{J}$, $\Delta S_S = -2.592\mathrm{J/K}$, $\Delta S_L = 3.296\mathrm{J/K}$, $S_{\mathrm{gn},12} = 0.704\mathrm{J/K}$, $W_{\mathrm{Loss}} = 206\mathrm{J}$

問 7.6

並流 $t_{L,2} = 163.3$ ℃, $Q_{\mathrm{Exc},f} = 633\mathrm{W}$, $\Delta S_{H,f} = -1.386\mathrm{W/K}$, $\Delta S_{L,f} = 1.569\mathrm{W/K}$, $S_{\mathrm{gn},f} = 0.182\mathrm{W/K}$

向流 $t_{L,2} = 177.4$ ℃, $Q_{\mathrm{Exc},f} = 775\mathrm{W}$, $\Delta S_{H,f} = -1.709\mathrm{W/K}$, $\Delta S_{L,f} = 1.887\mathrm{W/K}$, $S_{\mathrm{gn},f} = 0.178\mathrm{W/K}$

問 7.7　$n = 8.02\mathrm{mol}$, $x_{\mathrm{O_2}} = 0.4$, $S_{\mathrm{gn},12} = 44.9\mathrm{J/K}$, $W_{\mathrm{Loss}} = 13.5\mathrm{kJ}$

問 7.8　$T_2 = 323\mathrm{K}$, $W_f/m_f = 883\mathrm{J/g}$, $T_2' = 498\mathrm{K}$, $S_{\mathrm{gn},f}/m_f = 0.437\mathrm{J/(g \cdot K)}$

問 7.9　略解：

高温液体から熱機関が吸収する熱量とエントロピーは,

$$Q_{H,f} = (m_f c)_H (T_{H,1} - T_{H,2})$$

$$\int \frac{\delta Q_{H,f}}{T_H} = (m_f c)_H \ln\left(\frac{T_{H,1}}{T_{H,2}}\right)$$

である。可逆熱機関においては,

$$\int \frac{\delta Q_{H,f}}{T_H} = -\int \frac{\delta Q_{L,f}}{T_L} = \frac{-Q_{L,f}}{T_L} = (m_f c)_H \ln\left(\frac{T_{H,1}}{T_{H,2}}\right)$$

$$-Q_{L,f} = (m_f c)_H T_L \ln \frac{T_{H,1}}{T_{H,2}}$$

$$W_f = Q_{H,f} - (-Q_{L,f}) = (m_f c)_H \left(T_{H,1} - T_{H,2} - T_L \ln \frac{T_{H,1}}{T_{H,2}}\right)$$

$$\frac{W_f}{Q_{H,f}} = 1 - \frac{T_L}{T_{H,1} - T_{H,2}} \ln \frac{T_{H,1}}{T_{H,2}}$$

である。

次に，不可逆熱機関においては,

$$W_f' = x_W W_f = x_W (m_f c)_H \left(T_{H,1} - T_{H,2} - T_L \ln \frac{T_{H,1}}{T_{H,2}}\right)$$

$$-Q_{L,f}' = Q_{H,f} - W_f' = (m_f c)_H \left[(1 - x_W)(T_{H,1} - T_{H,2}) + x_W T_L \ln \frac{T_{H,1}}{T_{H,2}}\right]$$

$$S_{\mathrm{gn},f} = \left(-\frac{Q_{f,L}'}{T_L}\right) - \int \frac{\delta Q_{H,f}}{T_H} = (m_f c)_H (1 - x_W)\left(\frac{T_{H,1} - T_{H,2}}{T_L} - \ln \frac{T_{H,1}}{T_{H,2}}\right)$$

である。

参考文献

[1] J. S. Doolittle and F. J. Hale, Thermodynamics for Engineers, John Wiley & sons, Inc. (1984).

[2] 日本機械学会：『JSME テキストシリーズ 熱力学』，日本機械学会 (2002).

[3] 日本機械学会：『技術資料 流体の熱物性値集』，日本機械学会 (1986).

[4] 自然科学研究機構国立天文台：『理科年表　平成 25 年（机上版）』，丸善出版 (2012).

索引

ら

著者紹介

野底 武浩（のそこ たけひろ）

1959年沖縄県与那国島生まれ。
1977年神奈川県立鎌倉高校卒業。
1986年慶應義塾大学大学院博士後期課程単位取得退学（同年，博士（工学）取得）。
同年，琉球大学工学部助手に任用。
1988年米国レンスラー工科大学にて研究（2年間の派遣）。
1996年韓国ソウル大学にて研究（6ヶ月の派遣）。
現在，琉球大学工学部教授。

◎本書スタッフ
マネージャー：大塚 浩昭
編集長：石井 沙知
図表製作協力：菊池 周二
組版協力：上ヶ市 実央
表紙デザイン：tplot.inc 中沢 岳志
技術開発・システム支援：インプレスR&D NextPublishingセンター

●本書の内容についてのお問い合わせ先

近代科学社Digital　メール窓口
kdd-info@kindaikagaku.co.jp
件名に「『本書名』問い合わせ係」と明記してお送りください。
電話やFAX、郵便でのご質問にはお答えできません。返信までには、しばらくお時間をいただく場合があります。なお、本書の範囲を超えるご質問にはお答えしかねますので、あらかじめご了承ください。

これならわかる工業熱力学

2021年1月29日　初版発行Ver.1.0

著　者　野底 武浩
発行人　井芹 昌信
発　行　近代科学社Digital
販　売　株式会社近代科学社
〒162-0843
東京都新宿区市谷田町2-7-15
https://www.kindaikagaku.co.jp

印刷・製本　京葉流通倉庫株式会社
Printed in Japan

ISBN978-4-7649-6014-5